JN202378

民間防衛
日本版

濱口和久
江崎道朗
坂東忠信
イラスト 富田安紀子

青林堂

はじめに

テロに巻き込まれたくない。戦争は起きてほしくない。災害に遭いたくない。事件に巻き込まれたくない。人間であれば、誰もが願う気持ちである。しかし、テロ、戦争、災害、事件は地球上のどこかで起きている。

世界各地でテロが起きるたびに、犠牲になるのは一般市民だ。日本では平成7（1995）年3月20日に宗教団体のオウム真理教による神経ガスのサリンを使用した地下鉄サリン事件が起きた。この事件では13人が死亡、負傷者は約6300人にのぼった。

大都市で一般市民に対して化学兵器が使用された史上初の無差別テロ事件は、日本国内だけでなく世界中を震撼（しんかん）させた。

日本では地下鉄サリン事件以降、テロは起きていないが、世界各地でテロが起きていることを考えれば、日本が外国勢力の標的にならないという保障はどこにもない。

日本は世界からスパイ天国と揶揄（やゆ）されている。日本国内に潜伏しているスパイや工作員によるテロにも警戒する必要がある。だが、日本人は日常生活の中で、テロが起こることを想像できない。

日本も、テロを想定した行動マニュアルを政府や自治体が策定すべきだが、そのような動きはない。国民を危険に晒（さら）しているに等しい無策ぶりだ。CBRN攻撃に対する知識を持ち合わせた国民は皆無に等しい。まさに無防備国家といわれてもしかたあるまい。

大東亜戦争（太平洋戦争）の敗戦後、日本では、戦うことを否定し、国防を軽んずる風潮が長く続いた。そのため、世界では通用しないような非常識な国防議論が繰り返されてきた。

地球から国境線がなくならない限り、国家は自前の軍隊を持って、自国の平和と安全を担保（たんぽ）している。日本の自衛隊は、警察予備隊、そして保安隊を経（へ）て今日の姿となった。税金泥棒といわれた時代もあったが、国内外での自衛隊の活躍は、国民から高く評価されている。

スイスには、政府から各家庭に無償配付されている国民が国を守るためのバイブル本がある。スイス政府編『民間防衛』だ。

戦後、日本では「徴兵制＝軍国主義＝戦争への道」という風潮が広がった。一方、スイスでは徴兵制を維持している。日本では今後も徴兵制を導入するような動きにはならないだろうが、日本人はスイス人の国防意識（覚悟）を見習うべきである。なぜなら、スイスよりも日本の置かれた地政学的環境のほうが厳しいからだ。

自衛隊だけでは国を守ることはできない。国民１人ひとりが、国防について真剣に考えるような社会を作らなければ、気づいたときには手遅れになるだろう。

地震の他、異常気象による災害もそうだ。いざというときの対処はもちろん、中国の急激な開発など、人為的な要因なども絡まり、複合的に大きな被害がたびたび起きる時代となったことを自覚する必要がある。

本書では、テロ、戦争、自然災害、移民問題、インテリジェンスを扱っている。本書が危機意識を喚起（かんき）するための必読書として、多くの日本人に読んでいただけることを願っている。

目次

第1章
テロ・スパイ工作

平成14（2002）年9月17日の日朝首脳会談で、日本人拉致を北朝鮮が公式に認め、5人の拉致被害者が北朝鮮から帰国した。

日本政府は、大韓航空機爆破事件の実行犯だった金賢姫や、日航機「よど号」乗っ取り犯グループ元妻の証言等により、横田めぐみさんや有本恵子さんが、北朝鮮の工作員に拉致された情報をつかんでいた。

だが、日本政府は日朝国交正常化交渉の障害になるということで、拉致事件の解決に積極的には取り組んでこなかった。このころの日本政府の態度は、国家が「自国の国民の生命・財産・人権・自由を守る責任」を放棄していたともいえる。

当時13歳だった横田さんや、23歳だった有本さんは、何も海外旅行で危険な地域に行っていたわけではない。北朝鮮に侵入してゲリラ活動をしていたわけでもない。横田さんは普通の中学生として、国内で平穏に暮らしていたところを拉致された。有本さんは海外に留学していたところを拉致されたのである。

拉致事件は北朝鮮による国家犯罪であり、誤解を恐れずに申し上げれば、日本は北朝鮮から戦争を仕掛けられているのだ。このことをどれだけの日本人が自覚しているのか。自衛隊は拉致された日本人を奪還する術を持っていないのか。アメリカが拉致事件を解決してくれるわけではない。拉致事件は日本が自らの力で解決するものだ。

現在も北朝鮮工作員は日本国内に潜伏（せんぷく）している。あなたの目の前に突然、北朝鮮の工作員が現れるかもしれない。そのとき、あなたのとる行動は？

一方、中国やロシアの工作員は、様々な肩書で日本に入国し、スパイ活動を行っている。日本にスパイ防止法がないことをいいことに、北朝鮮や中国、ロシアの工作員は野放し状態だ。仮に逮捕・起訴されても重罪には問われない。日本が「工作員天国（スパイ天国）」と揶揄（やゆ）される所以（ゆえん）でもある。

もし日本に各国並みのスパイ防止法があったならば、北朝鮮の工作員による拉致事件も起きなかったかもしれない。日本政府はスパイ防止法の制定を急ぐべきである。

世界各地で一般市民を標的としたテロが起きている。2019年にラグビーワールドカップ、2020年にはオリンピック・パラリンピックが日本で開催される。一流選手や各国要人、外国人観光客が集まる国際スポーツイベントは、テロの格好の標的となりやすい。

北朝鮮は、核だけでなく、大量の生物・化学兵器（BC兵器）を備蓄している。すでに工作員によって、BC兵器が日本国内に持ち込まれている可能性もある。競技会場等でBC兵器を用いてテロが実行される可能性も拭（ぬぐ）い切れない。あるいはイスラム系テロ集団による自爆テロ等が起きる可能性もある。

国民１人ひとりが日本国内でテロが起きることを想定して、「自分の生命（いのち）は自分で守る」という覚悟と備えが求められている。BC兵器が用いられたことが分かった時点で、あなたはその場から安全に退避するための知識を持っておくべきだ。

日本政府も、未然にテロを防ぐための情報収集活動を怠るべきではない。テロによる犠牲者が出てからでは手遅れとなる。

(1) CBRN（大量破壊兵器）テロに備えよ

CBRNの攻撃は絵空事ではない。生命（いのち）を守るための知識を持て。

一度に大量の人間を無差別・破壊的に殺傷する能力のある兵器を大量破壊兵器と呼ぶ。大量破壊兵器には、化学兵器（C)、生物兵器（B)、放射性物質（R)、核兵器（N）などがある。これらの兵器を用いたテロのことをCBRNテロ（大量破壊兵器テロ）という。

※Chemical（化学)、Biological（生物)、Radiological（放射性物質)、Nuclear（核）

化学兵器テロ

化学兵器テロとは、「有毒化学剤（いわゆる有毒ガス)」などを用いて人間を殺傷、または長期にわたり無力化させたり、動物や植物を死傷させて、社会をパニック状態におとしめる暴力行為のこと。

化学剤の中には、比較的簡単に作れるものもある。例えば、家庭で使う洗剤には、使用上の注意欄に「混ぜると危険」と書いてある。混ぜると有毒ガスが発生する恐れがあるからだ。つまり、家庭で使う洗剤からも化学剤が作れるということになる。
　テロリストが用いる可能性がある化学剤は、製造が容易であり、安価に、かつ大量に製造できるため、誰もが簡単に入手することができる。化学兵器テロは、テロリストが最も実行しやすいテロともいえる。

　有毒化学剤またはこれを充塡した各種砲弾・ミサイル等の総称を化学兵器と呼んでいる。
　古くは紀元前431年のペロポネソス戦争でスパルタ軍が亜硫酸ガスを使用したとされ、第1次世界大戦中にイギリス、フランス、ドイツなどの国が催涙ガス等を開発し、実戦に投入し多くの犠牲者を出した。その後も第2次世界大戦やベトナム戦争での焼夷弾の使用、イラン・イラク戦争でのマスタードガスの使用などがある。
　日本ではオウム真理教が引き起こした平成6（1994）年の松本サリン事件、翌年の地下鉄サリン事件で神経ガスサリンが使用され、多大な被害が出た。世界で初めて起きた化学兵器テロとして、世界を震撼させた。

(1) 化学剤の特性

　化学兵器テロに用いられる化学剤は、神経剤、びらん剤、窒息剤、血液剤、無傷害化学剤の5つがある。無色無臭のもの、特有の臭いのするものがある。痛みを覚えないものから激痛を伴うもの。症状の発症時期もバラバラで、持続

化学剤が効果を発揮する５つの条件

効果もまちまちだ。

化学剤は、一般的には次の５つの条件下で用いられると最も効果を発揮するといわれている。

①日光によって成分が分解しにくい曇り空。

②拡散しにくい、風がほとんどない状態。

③加水分解しにくい、雨でない日。

④揮発しやすい、比較的高温の状態。

⑤滞留（たいりゅう）しやすい、盆地のように窪（くぼ）んだ場所。

化学剤	種類と症状
神経剤	タブン、サリン、ソマン及びV剤など。曝露の経路（蒸気・液体）と容量に依存し、縮瞳が特徴的。蒸気曝露では、縮瞳、鼻汁、流涙、軽度の呼吸困難。目の奥の痛み。前頭部の鈍痛も特徴的。液体曝露では局所の発汗、虚脱感、筋攣縮となる。
びらん剤	マスタード、ルイサイト及びオスゲンオキシム（液体）など。皮膚の紅斑・水泡（黄色いドーム状）。眼（結膜炎・角膜障害）。気管支炎症状。皮膚紅斑・眼症状（疼痛）。 気管支炎から肺水腫。
窒息剤	ホスゲンなど。呼吸器系に作用し、数時間後に急激な症状（咽頭痙攣・肺水腫）出現。
血液剤	青酸ガス、シアン化合物など。低濃度では、めまい、嘔気、嘔吐、頭痛。重症では、痙攣、呼吸困難（チアノーゼを示さない）。
無傷害化学剤	催涙、嘔吐剤、LSD、大麻など。眼の刺激・疼痛、鼻水、唾液過多、咳・くしゃみ。意識低下、記憶障害。

表１：化学兵器テロに用いられる主な化学剤の概要

（緊急災害医療支援学 http://www.group-midori.co.jp/logistic/）などをもとに作成。

(2) 化学兵器テロから身を守るための対処方法

①異臭があれば異変に気づくが、無臭・無色の場合は気づかない。眼前に霧状のモヤやガスなどがかかっている場合は、化学剤が撒かれた可能性があるので警戒しよう。

②自分の周辺で大勢の人が倒れていたり、苦しんでいる人がいる場合には、化学兵器テロが起きた可能性が高いと判断し、すみやかに鼻と口をハンカチなどで覆い、

化学兵器テロへの対処

できるだけ風下を避けて避難する。

③化学剤は、空気よりも重いものが多いことを考慮に入れて、周辺の様子を見ながら、姿勢を低くするのか、高くするのかを判断しよう

④安全な場所（屋内）に避難したら、窓がある場合には、

窓を閉めガムテープなどで目張りをする。

⑤化学剤の皮膚呼吸を防ぐため、汚染された衣服はなるべく早く脱ぎ、頭からかぶる服の場合は、脱ぐときに顔などに付着しないように、ハサミで衣服を切り裂いて脱ぐ。

⑥水と石鹸で手や顔、身体をよく洗う。

※普段から怪しい液体などには安易に触れないように心がけよう。

生物兵器テロ

生物兵器テロとは、生物剤（病原性微生物・毒素等）を武器として人間を殺傷、もしくは長期にわたり無力化したり、動物や植物に病気を起こし、社会をパニック状態におとしめる暴力行為のこと。

2001年に米国で起きた炭疽菌郵送事件では、テレビ局、新聞社、上院議員に炭疽菌入り容器が入った封筒が送りつけられ、開封後に22人が感染し、そのうちの5人が炭疽症を引き起こして亡くなっている。

人間などに感染・増殖する病原性微生物・毒素等の生物剤またはこれを充填した各種砲弾、ミサイル等の総称を生物兵器と呼んでいる。

生物兵器は一般的に化学兵器より殺傷力が強いとされ、炭疽菌の胞子0.9キロを弾頭に積んだミサイルの感染領域

（生物兵器テロへの対処）　（生物兵器テロに狙われやすい場所）

※詳細はP21～22を参照

は、2万6000平方キロメートルにも及ぶ。生物兵器の製造には高度な技術は必要ない。化学兵器とともに安価であることから「貧者の核兵器」とも呼ばれている。

病名	特性	症状
天然痘	潜伏期間は7～17日間。自然界での宿主はヒトのみ。ヒトからヒトへの空気感染。水痘との鑑別が重要で、水痘では異なった段階の発疹が混在。	駆症状は倦怠感、発熱、頭痛。特徴的発疹（四肢に同時発生）：紅斑、丘疹、水泡、膿疱、結痂、落屑の順で、1～2週間で痂皮化。
炭疽	潜伏期間は2～6日。吸入（肺）・皮膚・腸の3型に分類。ヒトからヒトへの感染はない。無治療では、致死率は90パーセント以上にも及ぶ。エアロゾルでは感染力が長時間持続し散布も容易。	初期症状は鼻閉感、関節痛、易疲労、空咳（感冒症状と類似）。発症2～3日後に咳の重積発作（呼吸困難）、チアノーゼや痙攣出現。突然死。
ペスト	潜伏期間は2～6日。腺・敗血・肺ペストの3型に大別。ペスト感染ネズミに吸着したノミに刺され感染。肺ペストは飛まつ感染（ヒトからヒト）。	高熱有痛性のリンパ節炎（出血性化膿性炎症）。 腺ペスト：リンパ節、腫脹、化膿、敗血症、高熱、肺。 ペスト：高熱、咳、漿液性血痰。
ボツリヌス症	潜伏期間は約18時間。汚染食品の中で産生する強力な神経毒によって発症。意識障害がないのが特徴。ヒトからヒトへの感染はない。	軽い消化器症状に続き眼麻痺（視力低下、複視、眼瞼下垂）。球麻痺（発語障害、嚥下障害、呼吸困難）。分泌障害（唾液、汗、涙）。
野兎病	潜伏期間は2～10日。ダニや蚊、野うさぎなどからヒトに感染。感染力は強いがヒトからヒトへの感染はない。	侵入経路/菌株により多彩な臨床症状。 数週間の寒気や嘔気、頭痛、発熱。 無治療時、症状は2～4週間、数カ月続くこともある。

ウィルス性出血熱	潜伏期間は通常数日から1週間。	初期症状としては発熱、悪寒、結膜炎、皮膚の点状出血がある。数日後に状態は急激に悪化し、咽頭炎、激しい嘔気/嘔吐、吐血、下血を呈する。
ベネズエラ馬脳炎	潜伏期間は1～5日。	突然の発熱、悪寒、強い頭痛、筋肉痛、羞明で発症。嘔気、嘔吐、咽頭痛も起こることがある。
ブルセラ症	潜伏期間は3日～3週間。ブルセラは高率に感染を起こすが症状は非特異的でヒトそれぞれで異なる。	不顕性感染も多い。全身性の慢性感染症であるが、ヒトでは急性期症状も著明である。悪寒、発熱、頭痛、発汗、関節・筋肉痛、衰弱感を呈する。

表2：生物兵器テロによる主な人的被害（病名）

（緊急災害医療支援学 http://www.group-midori.co.jp/logistic/）などをもとに作成。

(1) 生物剤の特性と用いられ方

生物兵器テロに用いられる生物剤は、潜伏期間が長く、発症するまでに数日間かかる。また用いられたかどうかを確認することが難しい。実際に用いられなくても、「感染するかもしれない」といった恐怖心を多くの人に与えることができる。

不特定多数の一般市民を標的にして混乱を起こす場合は、貯水池や河川（かせん）に生物剤を混入させたり、公共交通機関や商業施設・ビル内に生物剤を噴霧（ふんむ）し汚染する方法、住宅街に噴霧する方法などがある。

(2) 生物兵器テロから身を守るための対処方法

（基本は化学兵器テロの対処と同じ行動）

①生物剤を体内に吸入しないように、口や鼻をハンカチなどで覆って、建物の中に避難し、生物剤が付着した衣服を脱ぎ、ビニール袋に入れる。水と石鹸で、手や顔、身体をよく洗う。

②安全な場所（屋内）に避難したら窓を閉め切り、ガムテープなどで目張りをする。

③感染者が次々と現れる2次被害の段階になったら、極力外出は避ける。食器類は煮沸(しゃふつ)し、日用品等はこまめに消毒して感染を防ぐ。

核テロ・放射性物質テロ

核テロとは、核兵器のもたらす破壊的な爆風、熱線、放射線及び電磁パルスなどの核兵器の効果を利用して行うテロのこと。放射性物質テロは、人間に影響を与えるレベルの放射線を放出する放射性物質を用いたテロのこと。

一方、民間では、医療機関のレントゲン検査から重粒子線治療などに放射性物質が用いられている。

放射性物質テロは、イギリスに亡命していたロシア連邦保安局元中佐のリトビネンコ氏が、2006年にロンドン市内の店で、何者かに放射性物質ポロニウムを盛られて変死した以外は起きていない。

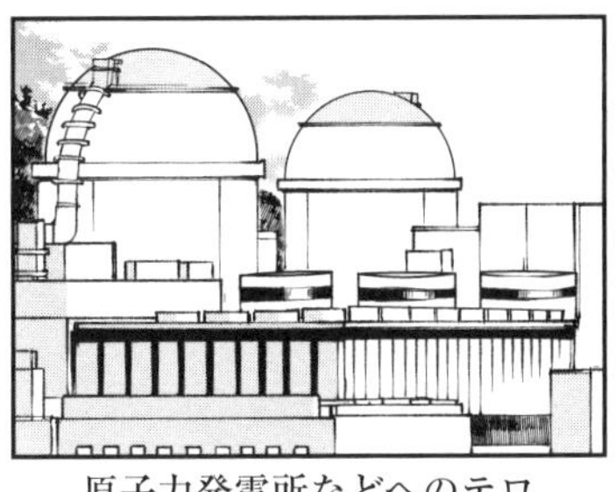
原子力発電所などへのテロ

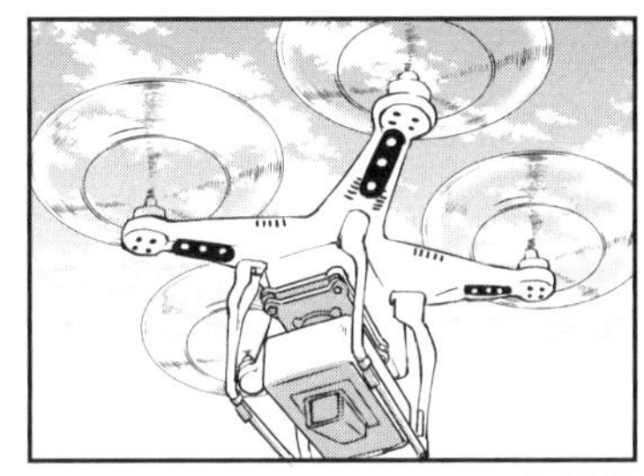
小型ヘリ、ドローンによる放射性物質の散布

(1) テロの手口

核爆発（核分裂反応）を伴わず、通常の爆薬による爆破によって放射性物質を散布することができる爆弾（Dirty Bomb：汚い爆弾）などは、核爆発ほどの大きな被害は出ないが、爆薬による被害と放射能による被害をもたらす。また、放射能汚染による社会的機能の麻痺（まひ）や心理的ダメージ（風評被害なども含む）を与えるのに効果がある。原子力発電所などの原子力関連施設へのテロ攻撃が起きた場合、周辺地域に核爆発と同様の被害をもたらす可能性も拭（ぬぐ）い切れない。

また、放射性物質は小型ヘリコプターやドローンなどを用いて、上空から散布することもできる。

※ Dirty Bomb は、放射性物質を爆薬と組み合わせ、爆薬の爆発で放射性物質を周囲に散布し放射能汚染を引き起こす爆弾。

⑵ 放射性物質テロが起きたら

（基本は化学兵器テロ、生物兵器テロの対処と同じ行動）

①Dirty Bombの爆破や放射性物質の散布が行われた疑いがある場合には、直(ただ)ちにその場から放射能を浴びないように風上に避難する。

②避難するときは、口や鼻をハンカチなどで覆い、着ているジャケットなどを頭からかぶり、できるだけ皮膚の露出を少なくする。

③コンクリートの建物や地下施設など、放射能が届きにくい場所に避難する。

※屋内退避では木造建築で約30パーセント、コンクリートの建物では約90パーセントの放射性物質の軽減が可能。

④自宅には、衣服や靴を脱いでから入る。

⑤全身をよく洗い、歯磨き・うがいをする。耳や鼻の穴などを綿棒でふき取る。頭や耳の裏なども よく洗う。

⑥窓や換気扇をふさぎ、窓はガムテープで目張りをし、カーテンを閉める。

⑦自宅に昆布があれば、甲状腺を守るため、適量食べる。

放射性物質テロが起きたら

(2) テロの攻撃目標

家の外に一歩出たら、すべてがテロの攻撃目標だと思え。
そのとき、あなたはどうする!?

公的施設

首相官邸　国会議事堂　中央省庁　軍事施設（自衛隊基地や在日米軍施設）　放送局（NHKなど）

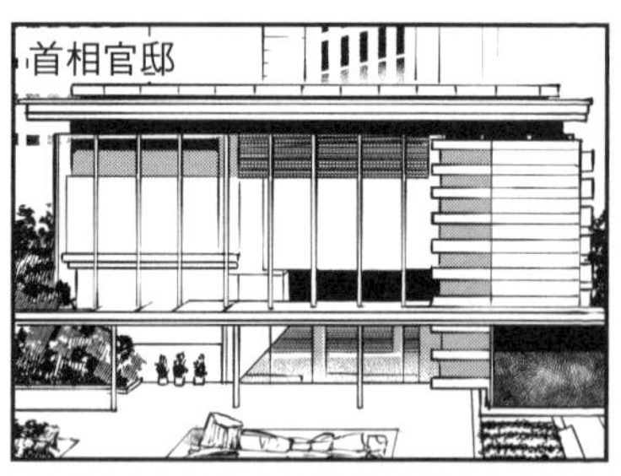

危険物質を有する施設

原子力発電所　石油コンビナート　可燃性ガス貯蔵施設　危険物を積載した船舶や大型トレーラー等　細菌や毒物を扱う研究所

ライフライン施設

発電所（変電・送電所を含む）　上下水道施設　ダム（水門も含む）

大規模集客施設等

大型ショッピングモール　ランドマーク的施設　観光地（観光施設やテーマパーク）　ホテル　高層ビル　ターミナル駅　地下鉄の駅　空港　映画館　レストラン　イベント会場（スタジアムや劇場）

交通機関

航空機　新幹線などの鉄道　高速バス　大型客船（フェリー）　港湾施設

最近のテロの特徴

近年は警備や監視が厳しい公的施設を狙ったテロ（ハードターゲット）から、不特定多数の人間が集まる施設を標的としたテロ（ソフトターゲッ

ト）が増加している。多くの人間が出入りしても、警備が手薄で、しかも会場への出入りが容易なソフトターゲットは、格好のテロの標的となる危険性がある。

海外では多国籍の外国人が集まる施設がテロの標的となっている。ベルギーではEU本部直近の地下鉄の駅、トルコやチュニジア、フランスのテロでは世界遺産や国際的な観光地、リゾート地が標的となった。バングラディシュでは、外国人が集まるレストランが標的となり、22人が犠牲となったが、その中には7人の日本人も含まれている。

(3) もし日本が核攻撃を受けたら？

一度、核を保有した国は絶対に核放棄しない。日本列島には核ミサイルが向けられている。東京が核攻撃を受けた場合、最悪のシナリオでは灰都になる。核攻撃から身を守るための行動を。

半径2キロ圏内で約42万人が死亡

広島での空中核爆発（上空600メートル、威力16キロトン）の被害データをもとに、東京が核攻撃を受けた場合の被害予測を、核放射線防護学の第一人者である札幌医科大学の高田純（たかだじゅん）教授がシミュレーションを行っている。

> 隣国から首相官邸や国会を目標に20キロトンの核ミサイルが発射され、上空600メートルで昼間に爆発したと仮定すると、爆発と同時に、直径220メートルの火球が現れ、爆心地から半径2キロメートル圏内で瞬間的に約42万人が死亡、死亡率は約59パーセント。その外側では死亡率が下がるが、初期被害（急性死亡者数）だけでも合計約50万人が死亡。半径7キロメートル圏内の負傷者数は約300～500万人に及ぶことが推測される。

核爆発による被害は、熱線（閃光（せんこう））、爆風、放射線、電

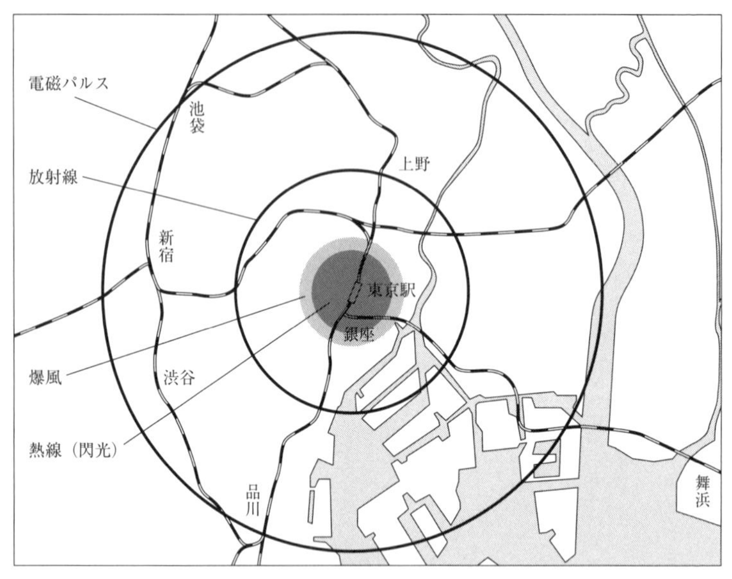

図１：核爆発による被害（爆心地：東京駅）

磁パルスの４種類がある。

(2) 核ミサイルを迎撃しても安心ではない？

海上自衛隊のイージス護衛艦搭載の迎撃ミサイル（SM−3）によって高度100キロメートル以上の宇宙空間で核ミサイルを破壊した場合は、核ミサイルの破片が落ちる確率はほぼゼロ。だが、SM−3の１段目モーターは海上（場合によっては陸地）に落下する恐れがある。

大気圏内の日本列島上空で、航空自衛隊の地上配備型迎撃ミサイル・パトリオット（PAC−3）によって核ミサイ

熱線（閃光）	核爆発によって、数百万度以上の超高温の火球から放射される熱線により、重度の火傷を引き起こし、その後の大規模な火災の原因となる。また、火球から放射される閃光により閃光盲目を引き起こすため、核爆発の直後は、4本の指で「目を保護」し、親指で「耳穴」をふさぎ、まず目と耳を保護する。
爆風	火球の急速な膨張により、周囲の空気は圧縮され、衝撃波が起きる。その後、火球付近の圧力が低下し、周囲より低くなると、周囲から空気が流れ込み、衝撃波とは逆方向に強烈な風が吹き、街（建物）を破壊する。
放射線	核爆発とともに起きる初期放射線は1分以内に収まるが、「死の灰」と呼ばれる放射性降下物を大量に生成放出し、周辺地域を長期にわたり汚染し放射線障害やガンの発生率が高くなる。
電磁パルス	核爆発により放出される電磁波によって、数千ボルトの電磁パルスが起き、通信機器、送電施設、パソコン、レーダーなどの機能を一瞬にして麻痺させる。特に成層圏で核爆発が起きた場合には、影響は広範囲に及ぶ。

表3：核爆発と被害

ルを撃破した場合には、核ミサイルとPAC－3の両方の残骸（ざんがい）が地上に落ちてくる。

残骸の中には、不発の核弾頭も含まれる。コンクリートのような固い地面に落ちた場合には、弾頭が壊れて中身の核物質が外にこぼれ出る恐れもあるので、注意が必要だ。こぼれた放射能物質を吸い込まないように気をつけよう。

(3) 核爆発と放射線から身を守る方法

隣国から核ミサイルが発射された場合、日本に到着するまでの時間はわずか数分。限られた時間の中で、どのような行動をとればよいのか。万が一、核爆発が起きた場合に気をつけるべきことは何か。

Ｊアラートが鳴る

Ｊアラート（全国瞬時警報システム）は、弾道ミサイル情報、緊急地震速報、津波警報など、対処に時間的余裕がない事態に関する情報を政府（内閣官房・気象庁から消防庁を経由）から送信し、市町村防災行政無線（同報系）などを通じて、住民に24時間体制で伝達するシステム。ミサイルが飛来する可能性がある場合は、市町村防災行政無線などが自動的に起動し、屋外スピーカーでの放送や、携帯電話に緊急速報メールが配信される。

内閣官房国民保護ポータルサイトには「北朝鮮から発射された弾道ミサイルが日本に飛来する可能性がある場合におけるＪアラートによる情報伝達に関するＱ＆Ａ」がある。チェックしてみよう。

http://www.kokuminhogo.go.jp/kokuminaction/

※日本側に敵意がなくても、北朝鮮は日本に対していつでも攻撃できるという現実を忘れてはならない。国民の安全は、国民が状況を理解し、それに応じた危機感を持つことが不

可欠である。そして中国・ロシアの弾道ミサイルにも警戒が必要だ。

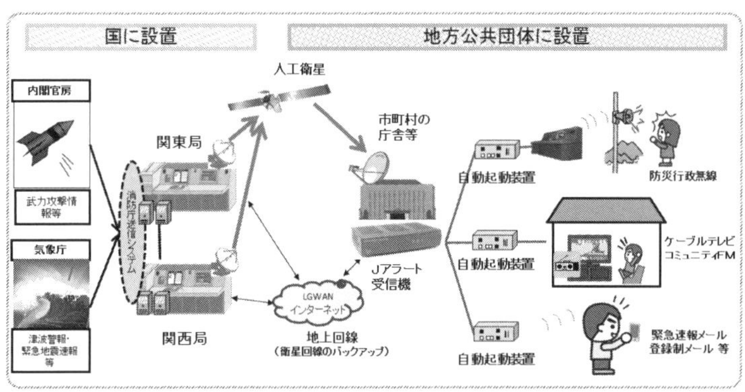

図2：Jアラートの情報の流れ（消防庁資料）

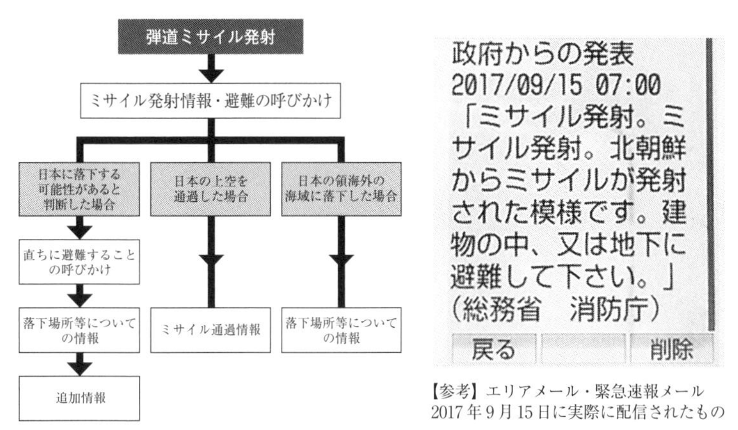

【参考】エリアメール・緊急速報メール
2017年9月15日に実際に配信されたもの

図3：実際の北朝鮮弾道ミサイルに対応したJアラートによる情報伝達

①情報伝達の概要について

Q1　どのような場合にＪアラートが使用されるのでしょうか。

A1　全国瞬時警報システム（Ｊアラート）は、弾道ミサイルが日本の領土・領海に落下する可能性または領土・領海を通過する可能性がある場合に使用します。逆に、日本の領土・領海に落下する可能性または領土・領海を通過する可能性がないと判断した場合は、Ｊアラートは使用しません。なお、日本の排他的経済水域（EEZ）内にミサイルが落下する可能性がある場合は、Ｊアラートは使用しませんが、船舶、航空機に対して迅速に警報を発します。

Q2　実際、どのように情報伝達が行われるのでしょうか。

A2　政府からＪアラートにより情報伝達があった場合は、市町村の防災行政無線等が自動的に起動し、屋外スピーカー等から警報が流れるほか、携帯電話にエリアメール・緊急速報メールが配信されます。

②弾道ミサイル落下時の行動（落下または通過する前）について

Q3　「ミサイルが発射された」との情報伝達があった場合は、どうすればよいのでしょうか。

A3　弾道ミサイルが日本に飛来する可能性がある場合には、弾道ミサイル発射の情報を伝達し、避難を呼びかけます。屋外にいる場合は近くの建物（できれば頑丈な建物）の中または地下（地下街や地下駅舎などの地下施設）に避難してください。屋内にいる場合は、すぐに避難できるところに頑丈な建物や地下があれば直ちにそちらに避難してください。それができなければ、できるだけ窓から離れ、できれば窓のない部屋へ移動してください。なお、ミサイルが日本の領土・領海に落下する可能性があると判断した場合には、その時点で改めて、ミサイルが落下する可能性がある旨を伝達し、直ちに避難することを呼びかけます。

Q4　「ミサイルが落下する」との情報伝達があった場合は、どうすればよいのでしょうか。

A4　【屋外にいる場合】は、近くの建物（できれば頑丈な建物）の中または地下に避難してください。

　近くに適当な建物等がない場合は、物陰に身を隠すか地面に伏せ頭部を守ってください。

【屋内にいる場合】は、できるだけ窓から離れ、できれば窓のない部屋へ移動してください。

Q5　どのような建物などに避難すればよいのでしょうか。

A5　近くの建物（できればコンクリート造り等頑丈な建物）の中または地下街、地下駅舎などの地下施設に避難してください。

Q6　近くに頑丈な建物または地下がない場合はどこに避難すればよいのでしょうか。

A6　近くの建物の中へ避難してください。近くに避難できる建物がない場合には、物陰に身を隠すか、地面に伏せて頭部を守ってください。

Q7　なぜ建物の中または地下へ避難するのですか。

A7　ミサイル着弾時の爆風や破片などによる被害を避けるためには建物（できれば頑丈な建物）の中または地下（地下街、地下駅舎などの地下施設）への避難が有効だからです。

Q8　近くに建物または地下がない場合はどうすればよいのでしょうか。

A8　ミサイル着弾時の爆風や破片などによる被害を避けるた

め、物陰に身を隠すか、地面に伏せて頭部を守ってください。

Q9　避難する際には、避難施設として都道府県知事に指定されている建物または地下施設に避難しなければならないのでしょうか。

A9　避難施設として指定されているかどうかにかかわらず、近くの建物（できれば頑丈な建物）の中または地下施設に避難してください。

Q10　自宅にいる場合はどうしたらよいのでしょうか。

A10　すぐに避難できるところに、より頑丈な建物や地下（地下街、地下駅舎などの地下施設）があれば直ちにそちらに避難してください。それができない場合は、自宅で、できるだけ窓から離れ、できれば窓のない部屋へ移動してください。

Q11　建物内に避難してから気をつけることはありますか。

A11　爆風で壊れた窓ガラスなどで被害を受けないよう、できるだけ窓から離れ、できれば窓のない部屋へ移動してください。

Q12　弾道ミサイルの情報が伝達されたとき、自動車の車内にいる場合はどうすればよいですか。

A12　車は燃料のガソリンなどに引火する恐れがあります。車を止めて近くの建物（できれば頑丈な建物）の中または地下（地下街、地下駅舎などの地下施設）に避難してください。周囲に避難できる建物または地下施設がない場合、車から離れて地面に伏せ、頭部を守ってください。

Q13　車から出ると危険な場合はどうしたらよいですか。

A13　高速道路を通行しているときなど、車から出ると危険な場合には、車を安全な場所に止め、車内で姿勢を低くして、行政からの指示があるまで待機してください。

③弾道ミサイル落下時の行動（落下または通過した後）について

Q14　「ミサイルは、●●地方から●●へ通過した」との情報伝達があった場合は、どうすればよいのでしょうか。

A14　政府からの情報について、テレビやラジオで確認してください。引き続き避難をしていただく必要はありませんが、もし、不審な物を発見した場合には、決して近寄らず、すぐに警察、消防や海上保安庁に連絡してください。

Q15　「ミサイルが●●地方に落下した」との情報伝達があった場合は、どうすればよいのでしょうか。

A15　続報を伝達しますので、引き続き屋内に避難してください。弾頭の種類に応じて被害の様相や対応が大きく異なります。そのため、テレビ、ラジオ、インターネットなどを通じて情報収集に努めてください。また、行政からの指示があればそれに従って、落ち着いて行動してください。もし、近くにミサイルが着弾した場合は、弾頭の種類に応じて被害の及ぶ範囲などが異なりますが、次のように行動してください。

・屋外にいる場合は、口と鼻をハンカチで覆いながら、現場から直ちに離れ、密閉性の高い屋内の部屋または風上に避難してください。

・屋内にいる場合は、換気扇を止め、窓を閉め、目張りをして室内を密閉してください。

Q16　「ミサイルが●●地方に落下した」との情報伝達後の続報とはどのような情報が伝達されるのですか。

A16　その後の状況に応じて、屋内避難を解除するような情報、または、引き続き屋内避難をしていただく、あるいは別の地域へ避難をしていただくといった情報を伝達します。

Q17　「ミサイルが●●海に落下した」との情報伝達があった場合は、どうすればよいのでしょうか。

A17　政府からの情報について、テレビやラジオで確認してください。引き続き避難をしていただく必要はありませんが、もし、不審な物を発見した場合には、決して近寄らず、すぐに警察、消防や海上保安庁に連絡してください。

④情報伝達について

Q18　国民保護サイレン音はどのようなときに鳴るのですか。

A18　Ｊアラートを使用すると市町村の防災行政無線などが自動的に起動し、屋外スピーカーなどから警報が流れますが、このときに原則として国民保護サイレンが鳴ることになっています。防災行政無線の設置状況などは、お住まいの市町村にお問い合わせください。

Q19　ミサイル情報を伝達するエリアメール・緊急速報メールの着信音は国民保護サイレン音なのでしょうか。

A19　津波や火山情報などに関するエリアメール・緊急速報メールと同じ着信音です。国民保護サイレン音ではありません。ミサイル情報のエリアメール・緊急速報メールの着信音は以下のサイトをご確認ください。

NTT ドコモ エリアメール（災害・避難情報）のページ au 緊急速報メール（災害・避難情報）のページ ソフトバンク　緊急速報メール（災害・避難情報）のページ Y モバイル　緊急速報メール（災害・避難情報）のページ

Q20　所有している携帯電話・スマートフォンが、Jアラート作動時にエリアメール・緊急速報メールを受信するか知りたいのですが。

A20　消防庁において、受信可能な機種かどうかの確認方法と、受信できない場合等の対策をまとめて、ホームページに公表しています。こちらをご覧ください。

「スマートフォンアプリ等による国民保護情報の配信サービスの活用」

(1)　携帯大手事業者の場合

携帯大手事業者が販売した携帯電話端末については、ほとんどの機種において、エリアメール・緊急速報メールを受信することができます。

以下のURLから対応機種の確認ができます（ここに掲載されていない機種は受信ができません）。

NTT ドコモ

https://www.nttdocomo.co.jp/service/areamail/compatible_model/index.html

KDDI、沖縄セルラー

http://www.au.kddi.com/mobile/anti-disaster/kinkyu-sokuho/enabled-device/

ソフトバンク

http://www.softbank.jp/mobile/service/urgent_news/models/

ワイモバイル

http://www.ymobile.jp/service/urgent_mail/

(2) 携帯大手事業者以外の事業者（MVNO）の場合

iPhone端末については、基本的に受信可能です。Android端末についても、次のいずれかに該当するものはエリアメール・緊急速報メールを受信することができます。

・携帯大手事業者の販売端末を同系列のMVNOで使用する場合※

・MVNOがエリアメール・緊急速報メール（Jアラートの配信）の受信機能を確認している場合

※携帯大手事業者が受信を保証しているものではありません。

⑤訓練について

Q21　国民保護サイレンを学校や事業所などで吹鳴（すいめい）させて児童・生徒や従業員などに周知したいのですが、構いませんか。

A21　構いません。なお、国民保護サイレン音は国民保護ポータルサイトから確認できます。ただし、国民保護サイレン音を聞いた人が、実際に武力攻撃事態等が発生していると混同しないように注意してください（「これから周知のために国民保護サイレン音を鳴らしますが、実際に武力攻撃事態等が起こっているわけではありません」と事前アナウンスをしてから吹鳴させるなど）。

Q22　適切に避難できるか不安なので、避難訓練を実施してほしいのですが。

A22　国、都道府県、市町村が共同で実施する避難訓練もあります。まずはお住まいの市町村にお問い合わせください。

(4) 核爆発が起きたときの行動

核爆発から身を守るための最善の避難は、地下鉄や地下施設に入ることである。このことは長崎で原爆が爆発した際に、爆心地から150メートルの地下壕（現在の平和公園の地下）で少女が生き延びたことからも証明されている。

近くに地下施設がない場合には、コンクリートなどの頑丈な建物、壁の後方や、道路の側溝に姿勢を低くして隠れるだけでも、熱線を遮断することはできる。

爆発が治まった後は、放射性降下物（死の灰）が降り注ぐため、灰が室内に入り込まないように、窓や換気扇に目張りをするだけでも最低限の「自家製核シェルター」となる。

爆発後に降る雨には濡れないようにし、飲まない。不要な外出は極力避け、やむを得ず外出する場合は、皮膚を隠し、可能であれば産業用の防塵マスクなどを着用。外出から戻ったらすぐに全身を洗浄して放射性物質を洗い流すことが大事だ。

(5) 日本列島に向けられている核ミサイル

中国の核弾頭搭載可能な中距離弾道ミサイルDF－21とDF－3が日本列島を射程内に収めている。中国の軍事に詳しい川村純彦元海将補によると、約100基の核ミサイルが日本の主要都市や、在日アメリカ軍基地を狙っていると分析している（平成18〈2006〉年時点）。

日本と中国は、経済活動では切っても切れない関係となっているが、安全保障の面から日本と中国の関係を眺めれば、中国軍機による領空侵犯の増加、尖閣諸島をめぐる領有権争い、そして、核ミサイルが日本列島を狙っているという厳しい現実がある。

「中国が日本を本気で攻撃（核攻撃や武力衝突）すれば、中国の経済にも影響を与えるから絶対に日中の衝突はあり得ない」と主張する識者もいるが、世界の歴史を見てみれば、どんなに経済的に緊密な関係があっても、衝突するときは衝突する。実際、第1次世界大戦は、イギリスとドイツ両国は緊密な経済関係を持ちながら開戦した。

中国の南シナ海での傍若無人な振る舞いを見れば、衝突を躊躇するような民族でないことは明らかであり、中国から核ミサイルが飛んできてもおかしくないという認識を、日本人は常に持っておくべきである。

(6) 北朝鮮は絶対に核放棄しない

現在、核保有をしている国はアメリカ、ロシア、イギリス、フランス、中国、インド、パキスタン、イスラエル、北朝鮮の9カ国だ。

北朝鮮は、2018年6月12日にシンガポールで開催された米朝首脳会談で、「完全な非核化」を約束した。本当に北朝鮮は「完全な非核化」をする気があるのか。アメリカが望む非核化は「完全かつ検証可能で不可逆的な廃棄（CVID）」だが、北朝鮮が履行するとは到底思えない。なぜなら、核保有が最大の外交カードとなることを北朝鮮は熟知しているからだ。

核拡散防止条約では、「アメリカ、ロシア、イギリス、フランス、中国以外の核兵器の所有は禁止する」としているが、インド、パキスタン、イスラエルは核を保有し続けている。

一度、核を手にした国家は、絶対に核放棄しないというのが、世界の常識であり、国際原子力機関（IAEA）による査察が行われても、北朝鮮が核をどこかに隠せば、完全な非核化は実現しない。

北朝鮮の非核化作業のロードマップはまったく未知数であり、日本政府は北朝鮮の弾道ミサイルへの警戒を続けるべきである。

一方、北朝鮮の核ミサイルが韓国を狙わなければ、韓国人の多くが、北朝鮮の「完全かつ検証可能で不可逆的な廃棄」を望んでいない。韓国にとって、北朝鮮は同じ民族であり、将来、朝鮮半島が１つの国家となったときに、北朝鮮が核を秘かに保有していれば、統一朝鮮も核保有国となれるからだ。韓国人は自分たちも核保有国になれることを誇りと思っており、そうなれば、今以上に、日本に対して歴史カードや竹島問題でも強気に出てくるに違いない。

(7) 核シェルターの必要性

NPO法人日本核シェルター協会の調査によると、日本は人口１人あたりのシェルター普及率が0.02パーセントしかない。世界で唯一の被爆国である日本だが、シェルターの整備は諸外国に比べて非常に遅れている。本来、シェルターは自然災害の多い日本では防災対策上も必要な施設の

1つだ。

現在、東日本大震災で津波の被害に遭った地方自治体や、今後、津波による被害が予想される地方自治体では、地上4～5階建ての鉄製の津波避難タワーを建設している。しかし、その高さでは足の悪い人や、お年寄りが上るのに時間がかかるし、体力もない。津波は早ければ数分で到達するので、上っている途中で波にのまれる危険性もある。地上ではなく、地下に津波対応型のシェルターを造れば、短時間の移動で安全を確保できるし、核シェルターとしても利用でき一石二鳥となる。

日本が諸外国に比べてシェルターの整備が遅れた理由の1つは、日本が唯一の被爆国であり、戦争という忌まわしき過去を思い起こしたくないゆえに、シェルターの整備の議論を避けてきたからだ。また、日本は昔から地下室を造る文化がなかった。日本は湿度が高いため、古代から地下室を造るよりも、風通しのいい高床式の建物が多く造られた。そのため地下シェルターを造るという文化が広がらなかったのだろう。

諸外国のシェルター事情はどうか。NPO法人日本核シェルター協会の調査によると、スイスとイスラエルが100パーセント、ノルウェー98パーセント、アメリカ82パーセント、ロシア78パーセント、イギリス67パーセント、シンガポール54パーセントとなっている。

この7カ国では、東西冷戦下、大量破壊兵器による攻撃の恐怖から、シェルターが公的にも私的にも建造されるようになった。特にイスラエルとスイスでは、学校や病院等の公共施設には公共シェルターがあり、有事の際は国民には呼吸用の防毒マスクが無料で支給されている。ノルウェーにも、公共の場にシェルターがあり、有事の際には国民の大半を収容可能だ。スイスでは1963年、核シェルターの設置を義務づける連邦法が制定された。同時に公共シェルターのネットワークを管理する連邦民間防衛庁を新設。2012年から自宅の下にシェルターを設置しない場合は、自治体に1500スイスフラン（約19万円）を支払い、最寄りの公共シェルターに家族全員分のスペースを確保することになっている。

調査にはないが、ノルウェーの隣国であるスウェーデンは、首都ストックホルムをはじめ主要都市に全住民を収容できるシェルターを設け、日ごろは地下駐車場や屋内運動場などに使用している。

アメリカは、軍事施設や政府機関にシェルターを完備し、米国戦略軍は核戦争をも想定した単一統合作戦計画を堅持し、アメリカ本土の護りを万全にしている。近年、公立の小学校、中学校、高校に「3カ月生存の地下シェルター」も逐次（ちくじ）整備している。

ロシアも冷戦時に大都市を中心にシェルター設置を奨励しており、現在では冷戦時の名残としてサンクトペテルブルク地下鉄やモスクワ地下鉄がその役割を果たしている。

2016年、ロシア非常事態省は「モスクワ市民すべてを地下シェルターに避難させる用意ができた」とも発表している。

イギリスでは、有事の際に指揮を執る政治家や政府高官のためのシェルターは完備しているものの公共シェルターはない。シェルターに入れない国民には、屋内退避が指示されることになっている。

シンガポールは国民の86パーセントが公団住宅に住み、1997年のシェルター法の法制化以後に建設された住宅公団の各住戸には、核や災害に備え、シェルターが設置されている。

北朝鮮と国境を接する韓国の場合は、地下鉄の駅や線路（経路）がシェルターとして使えるように設計されているため、日本の駅よりは頑丈な造りになっている。特にソウル市は地下鉄の駅が地下深くまで階層で伸びており、多くの住民が避難できるようになっている。人口密集地域には、空襲等に備えた地下退避施設が整備され、民間施設でも床面積60平方メートル以上で退避可能な地下室がある場合は、避難場所として使用できるようになっている。

以上、紹介した国以外にもシェルターの整備をしている国は数多くある。

日本も北朝鮮の核・ミサイル発射を受けて、シェルターへの関心が高くなっている。シェルターのメーカーには家庭用シェルターの注文が増えつつある。

今後、地方自治体は、防災マップにシェルターとして使用できる施設を表示したり、街中にシェルターとして使用できる施設の案内版を設置する取り組みも必要である。

国民も有事となった場合の避難先などを日頃から確認しておくべきだろう。

(4) サイバー攻撃

あなたが気づかないうちに個人情報が盗まれている。最悪の場合は国家機能が麻痺する恐れも。Gメールやヤフーメールなど Web メールを使用する場合は気をつけろ！

(1) サイバー攻撃の定義

コンピュータ及びコンピュータネットワーク（サイバースペース〈電脳空間〉）におけるテロリズム。警察庁は「重要インフラの基幹システムに対する電子的攻撃又は重要インフラの基幹システムにおける重大な障害で電子的攻撃による可能性が高いもの」と定義している。

小規模で政治的意図を持たないものも含めてサイバー攻撃 cyberattack と呼ばれ、特に国家や軍隊が主体となる場合にサイバー戦争 cyberwar, cyberwarfare などの語も用いられる。今日、世界的に、重要インフラや企業活動など、社会の多くの側面が情報技術に依拠（いきょ）しており、サイバーテロの及ぼす社会的な影響は甚大（じんだい）なため、安全保障上でも対応の重要性が高まっている。

政府や地方公共団体、情報通信、エネルギー、交通、医療、金融機関などの重要インフラが攻撃されることが多い。

（『ブリタニカ国際大百科事典』より）

狙われやすい重要インフラ

狙われやすい重要インフラ

(2) サイバー攻撃の事例紹介

①イランの核関連施設

2009年～2010年にかけて、Windows上で動作するコンピュータワーム「スタクスネット」がイランの核開発を妨害するために同国の核燃料施設の攻撃に利用され、世界的に問題となった。同施設の制御システムはインターネット環境に接続しておらず、外部からUSBメモリーを介して

DoS攻撃・DDoS攻撃	攻撃対象に大量のデータを送信し負荷をかけるなどして、コンピュータのサービス提供（ホームページの表示など）を不可能にする攻撃のことをDoS攻撃という。また、複数のコンピュータから一斉に行われるDoS攻撃のことをDDoS攻撃という。
標的型攻撃	業務に関連した正当なものであるかのように装いつつ、不正プログラムを添付した電子メール（標的型メール）を送付し、これを受信したコンピュータを不正プログラムに感染させることにより、被害者の知らぬ間に機密情報を外部に送信させる手口。
APT攻撃	標的型攻撃の一種とされるサイバー攻撃。「高度な（Advanced）」「持続的（Persistent）」「脅威（Threat）」の頭文字からも分かるように、特定のターゲットに狙いを定めて、あらゆる方法や手段を用いて侵入・潜伏する。潜伏後、数カ月から数年をかけて継続的に攻撃を行うため企業にとっては大きな脅威となる。
ゼロデイ攻撃	システムセキュリティにおける脆弱性が発見されてから、修正プログラムや対応パッチが適用されるまでの期間に実行されるサイバー攻撃。攻撃はパッチ提供前のため脆弱性を改善する手段がなく、最も深刻な脅威とされている。
マルウェア	情報搾取などを目的に不正に動作させる悪意あるプログラムの総称。ウイルス、トロイの木馬、スパイウェア、ワーム、バックドアなどが存在し、種類によって感染経路や被害は様々だ。最近では特に“ランサムウェア”と呼ばれる身代金要求型マルウェアが横行し、各セキュリティ機関が注意を呼びかけている。

表4：サイバー攻撃の種類

※サイバー攻撃には、SQLインジェクション、バッファーオーバーフロー攻撃、パスワードリスト攻撃、セッションハイジャック、ポートスキャンなどもある。

感染。これがきっかけとなって国家間でのサイバー戦争ともいうべき事態にまで発展した。

②アメリカ国防総省

2011年3月、国防総省のネットワークから戦闘機や潜水艦などの機密情報を含む2万4000個のファイルが盗まれた。いずれも中国からのサイバー攻撃とみられている。

③オペレーションジャパン事件

平成24（2012）年の改正著作権法への反対を表明していた「アノニマス」が犯行を示唆。実際に政府機関や政党、音楽著作権協会のホームページが相次いで改ざんされた。

④中国人ハッカーによる攻撃

平成24（2012）年、尖閣諸島の国有化に中国のハッカー集団が猛反発した結果、大規模なサイバーテロへと発展した。日本政府の機関やインフラ事業者などのホームページなどが被害を受け、内容の更新や閲覧が困難な状態となる。

⑤ソニー・ピクチャーズ・エンタテインメントへのハッキング事件

金正恩暗殺を描いたコメディ映画『ザ・インタビュー』を制作したソニー・ピクチャーズ・エンタテインメントに何者かがサイバー攻撃を仕掛けた。2014年12月19日、アメリカ連邦捜査局（FBI）は、同社へのサイバー攻撃に北朝鮮が関与したと発表した。

流出した情報には、ソニー・ピクチャーズの従業員や、その家族についての個人情報、従業員の間の電子メール、会社の役員の報酬についての情報、それまで未公開であったソニー映画のコピーや他の情報が含まれていた。

⑥アメリカの原子力発電所

2017年7月、アメリカの国土安全保障省とFBIが緊急共同報告書を発表し、その中でカンザス州バーリントン近郊にある原子力発電所にサイバー攻撃が仕掛けられていたことを明らかにした。

同報告書では、そのサイバー攻撃が原子力発電所の機密情報を盗む目的だったのか、あるいは同施設のシステムを破壊して甚大な被害をもたらすための工作だったのかは明らかにしていないが、この手のサイバー攻撃は、主に施設のシステムに直接的なアクセス権を持つ技術者をターゲットとしている。施設の中核を担(にな)う技術者に対して、悪意のあるプログラムコードを埋め込んだテキストファイルなどを履歴書などの名目で送りつけ、技術者自身のパソコンからネットワークに侵入する手口が多い。

⑦日本年金機構

平成27（2015）年5月～6月に、日本年金機構に対して外部から標的型攻撃メールが送付され、職員1名がメール内のURLをクリックしてマルウェアに感染。結果的に125万人分の個人情報がシステムサーバから漏えいしてしまうという事件が起きる。

同機構及び厚生労働省の説明によれば、この攻撃メールはヤフーのフリーアドレスから大量に送付され、少なくとも2人の職員が開封していた。

「厚生年金制度見直しについて（試案）の意見」といった件名だったため、当該職員は業務関連のメールだと思い込み、そのままマルウェアが仕込まれた添付ファイルをダウンロードしてしまったといわれている。

⑧アメリカ軍施設

2018年5月14日、イランが支援するハッカー集団によるシリアに駐留するアメリカ軍施設の電力設備や、偵察用小型無人機を遠隔操作する駐留部隊のシステムなどに誤作動を生じさせるサイバー攻撃を仕掛ける。被害は出ていないが、ソーシャル・ネットワーキング・サービス（SNS）を利用するアメリカ軍職員のパソコンに、SNSを通じてウイルスを仕込んだメッセージを送信。上司らに成りすまして送信する手口で、メッセージを閲覧しただけでウイルスに感染する仕組みだった。

⑨訪中時、同行記者は通信機器持ち込み禁止

2018年6月下旬のマティス国防長官の訪中に同行した記者は、中国からのサイバー攻撃に備え、搭乗機E4Bでは、スマートフォン、ノートパソコンなどの通信機能のある電子機器の機内持ち込みが禁止された。さらに、中国国内に持ち込んだ電子機器の持ち帰りも禁止された。中国国内でウイルスなどのマルウエアがスマートフォンやノートパソコンに埋め込まれ、帰国時に機内でサイバー攻撃を受ける可能性があるからだ。E4Bは、アメリカ軍の中でも機密性の高い装備であり、核戦争時に司令官らが通信に使用す

る指揮管制システムの重要な部分を担っている。搭載された電子・通信機器へのサイバー攻撃を許せば、中国軍が核戦争時に指揮系統を遮断（しゃだん）、混乱させることも可能となる。

現地では、記者はリスクはあるが、中国製のパソコン「レノボ」をレンタル。レノボは安全保障上の理由からアメリカ国防総省での使用は禁止されている。

(3) 中国・北朝鮮の動向

サイバー攻撃は、核戦力を含め、通常戦力においてもアメリカの軍事力より劣勢にある中国や、経済的理由で最新ハイテク兵器を揃（そろ）えることができない北朝鮮が特に熱心だ。

中国は1997年に「網軍」と称する組織が24時間のネット監視を開始し、同年にサイバー部隊を創設した。2003年には北京に情報化部隊を創設した。

サイバー戦士を養成する目的で、山東省済南市郊外にある130ヘクタールの敷地を擁（よう）する山東藍翔高級技工学校では3万人の生徒が学んでいる。この学校は軍の技術者を養成する中国で唯一の民間の訓練校で、5000平方メートルの巨大な教室では一度に2000人のサイバー戦士を養成することができる。

1999年には2人の中国空軍大佐が、たとえ軍事力がアメリカレベルになくてもサイバー攻撃によってアメリカ軍を麻痺させれば十分に対抗できるという内容の『超限戦』という本を出版している。

一方、北朝鮮に関しては、2011年6月1日に、韓国の脱北者集団である「NK知識人連帯」が主催した「北朝鮮のサイバーテロ関連緊急セミナー」において、同団体代表の金興光（キムフングァン）氏が「北朝鮮のサイバーテロ能力」と題した講演の中で、次のように述べている。

北朝鮮はサイバー戦力の増強や攻撃についての一元化された指揮のため、人民武力部偵察局隷下（れいか）にあったサイバー部隊121所を偵察総局の直属とした。2010年に121所を121局（サイバー戦指導局）に昇格させ、サイバー戦の兵力をそれまでの500人から3000人の規模に増強している。

韓国に対してテロ活動を行ったり、攻撃したりする北朝鮮のサイバー集団は、121局以外に、朝鮮労働党統一戦線部基礎調査室、人民武力部敵工局（心理戦局）傘下の204所等数カ所に専門集団が存在している。

サイバー戦力によって、韓国軍の重要な軍事秘密資料をハッキングして指揮システムを麻痺させる。現役軍人や入隊対象の青年に厭戦（えんせん）思想を広めて、戦闘力の質的な瓦解（がかい）を実現し、国内対立を煽（あお）り、社会的混乱を増大させるなど、韓国社会を根底から揺るがすことまで想定している。

この講演の内容は韓国に対する北朝鮮のサイバー攻撃と捉（とら）えるだけではなく、日本に対しても同様のサイバー攻撃が行われる可能性が十分にあると認識するべきであり、他人事ではない。

実際、防衛省幹部によれば、北朝鮮は「朝鮮コンピュータセンター」（総勢4500人）が中心となって、日本の重要インフラのコンピュータシステムへのサイバー攻撃のシミュレーションを行っているという。

(4) 個人でできるサイバー攻撃対策

同時に個人レベルでの対策も欠かせない。パソコン利用の基本的なことであっても、一人ひとりが日ごろから備えることの効果は大きい。

OSやウェブサイト等のソフトウェア	常に最新の状態に更新しておく。
ウイルス対策ソフト	常に最新の状態に更新し、定期的に前データをウィルスチェックする。
電子メール	添付されているファイルを安易に開かない。
リンク	匿名で投稿できる掲示板等に掲載されたリンクやメール本文のURLを安易にクリックしない。
プログラム	作成者の分からないプログラムを安易に実行しない。

表5：個人でできるサイバー攻撃対策

日本を虎視眈々と狙う相手は、日本のサイバー攻撃対策を待ってはくれない。強力な政治主導で官民一体となった統括的な防御態勢の構築が急がれている。

イスラエルでは、インテリジェンス（諜報）の観点から、シンベト（国内情報機関）、モサド（国外での諜報工作を担当）、アマン（軍事諜報を担当）などが得た最新情報が民間にも提供され、官民一体となってサイバー攻撃対策を講じている。

(5) ハイブリッド攻撃

軍事・非軍事併用の脅威であり、デマ爆弾とも呼ばれる。

ハイブリッド攻撃の定義

軍事作戦に非軍事的な工作を組み合わせ、国家や社会の脆弱(ぜいじゃく)な部分を標的とする攻撃のこと。サイバー攻撃、偽ニュース(フェイクニュース)拡散、選挙介入、領空侵犯、エネルギーをめぐる脅(おど)しなどが含まれる。

最も効果が大きい攻撃は、フェイク情報を用いて敵を攪乱(かくらん)させることだ。具体例としては、大量のフェイクニュースを流して敵国の世論を操作する。自国民まで騙(だま)して目的を達成する場合もある。ロシアの電子紙『Sputnik』はそれを可能にする媒体(ばいたい)の1つだとされている。

ハイブリッド攻撃を仕掛けるロシア

ハイブリッド攻撃は、ロシアのプーチン大統領が西側への報復のために起こした「革命」ともいわれている。

ロシアが2014年にウクライナに軍事介入してクリミア半島を併合(へいごう)したときに、ハイブリッド攻撃が用いられた。このとき、ロシアは住民を扇動(せんどう)し、軍を出動させて併合。国内外で「民意による編入」と強弁(きょうべん)した。

ロシアと1340キロメートルにわたって国境を接するフ

ィンランドでは、2015、16年と続けて、ロシアからハイブリッド攻撃を受け、国境へロシアの「偽難民」と疑われる群衆が押し寄せて混乱が起きた。

ロシアの戦闘機が北欧3カ国（フィンランド、スウェーデン、デンマーク）の領空近くを飛行したり、2014年にはスウェーデンの領海にロシアの潜水艦が侵入したと思われる出来事もあった。

半世紀にわたって旧ソ連の支配を受けていたバルト3国のリトアニアでは、2015年2月に、テレビ番組の世論調査が狙われ、ロシア寄りの回答が8割に改ざんされた。「リトアニアに駐留するドイツ兵が少女を暴行した」とする偽ニュースも拡散される出来事が起きた。これらはすべてロシアによるものだとリトアニア政府はみている。

2018年3月4日に英国で起きた元ロシア情報員のセルゲイ・スクリパリを旧ソ連軍が開発した神経剤であるノビチョークで暗殺しようとした事件も、ロシアによるハイブリッド攻撃の1つだといわれている。

(3) 各国の対応

欧米各国の政府やメディアも、次第にハイブリッド攻撃を真剣に受け止めるようになった。最初に動いたのは欧州連合（EU）だ。2015年、ロシアメディア及びEU圏内のロシア系メディアが流すデマ情報やフェイクニュースを暴く目的で、EUは「East StartCom」というチームを発足させた。

EU加盟国の中には、個々で同様の活動を行っている国もある。ドイツやチェコスロバキアでは、ロシアのフェイクニュースに対抗する機関を国の予算で設立させた。

フィンランドは、国境警備隊を強化して、ドローンを撃墜、不審な情報の抹消、通信網の封鎖などを警備隊独自で迅速に決定できる体制に変更した。

2017年1月、スウェーデンで最も権威のある外交政策研究所が「ロシアがスウェーデンに対して情報戦争を仕掛けている可能性がある」と発表。

スウェーデンはバルト海の中間に位置し、カリーニングラード（ロシア領〈飛地〉の最西端に位置し、ロシアの最重要軍事拠点の1つ）から300キロメートル離れたゴットランド島に350人の兵士を駐留させ、カリーニングラードのロシア軍の動向を監視。さらにスウェーデン政府は2018年5月、470万世帯を対象に戦争が起きたときに、どのように対処すべきかを解説した小冊子を配布。2018年から徴兵制も復活し、18歳以上を対象に4000人の若者が毎年招集されることになった。

アメリカでは、2016年の大統領選挙の際、大量のフェイクニュースが流され、ロシアの介入が噂された。

報道機関やソーシャルメディアも反撃を開始。フェイスブックはファクトチェック機能を導入し、疑わしいニュースには特別な印がつけられるようにすると発表。英国放送

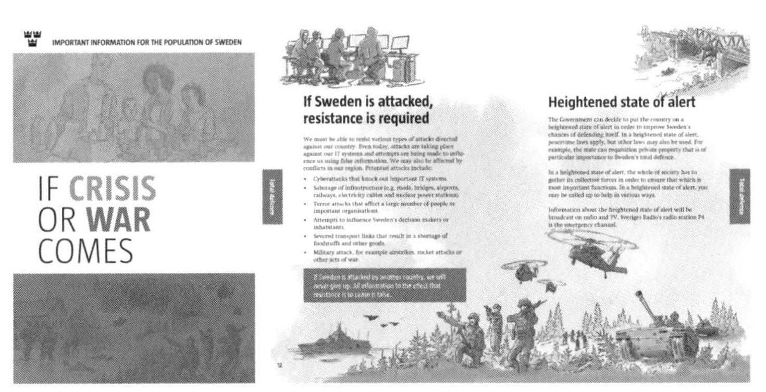

スウェーデン政府配布小冊子

協会（BBC）も、恒常的にファクトチェックを行うチームを創設している。

日本は今のところロシアからのハイブリッド攻撃は仕掛けられていない。日本の場合はロシアよりも、中国や北朝鮮が仕掛けてくるハイブリッド攻撃への警戒が必要だ。

怪しい情報はフェイクニュースの可能性があることを常に意識しておこう。

(6) 地政学と工作員

世界史は地政学の歴史であり、国際政治では騙されるほうが悪いのだ。

(1) 地政学の流れ

日本は戦前、地政学を戦争の道具として利用してきた。戦後、日本に進駐した占領軍（GHQ）は、日本の台頭を恐れて地政学の研究を禁止する。このため、日本では国家戦略に決定的に必要となる地政学の知識を持った日本人を養成してこなかった。アメリカやロシアをはじめとする世界の主要国は、国家戦略の中心に地政学を昔も今も据えている。

イギリスのマッキンダーの「ハートランド論」、アメリカのマハンの「海上権力史論」、スパイクマンの「リムランド論」、ドイツのハウスホーファーの「統合地域論」、チェーレンの「自給自足論」などが古典的地政学だが、歴史に名を残す世界の指導者たちは、これらの地政学の理論をすべてマスターしている。

歴史上で最初に地政学的な考え方を書いたものとしては、古代インドの名宰相と謳われたカウティリアの著書『実利論』がある。彼はこの中で、王に対して「いかに世界を支配するか」ということを指南し、諜報作戦、女スパイの使用、毒薬の調合の仕方などを記している。さらに隣国との関係性を地理によって規定した外交政策を説いている。

諜報作戦、女スパイの使用、毒薬の調合などは、スパイ映画のシーンと思われがちだが、現実の国際政治の場では、今でも同じことが行われ、マスコミを騒がすことがたびたびある。時代が変わっても、人間の本質は同じであり、『実利論』が実践されていることを物語っている。

(2) 孫子と地政学

「孫子曰く、兵は国の大事なり」という有名なこの書き出しから展開されていく世界で最も古い兵法書である『孫子』は、地政学を研究するうえでも、ビジネスの世界でも参考になる古典兵学の１つである。

この書は、古代中国の春秋時代（紀元前770年～紀元前403年）に呉の王に仕えた孫武によって書かれたもので、13篇で構成されている。日本に『孫子』を最初に伝えたのは、遣唐使に随行して中国に渡った吉備真備だといわれている。その後の日本の歴史の中で、源義家は『孫子』の実戦への応用に長けていたとされる。また戦国武将の多くが、中国の古典兵学に通じていた。

江戸時代には、林羅山、新井白石、荻生徂徠などの徳川幕府の儒官は、それぞれ『孫子』の解説書を著している。吉田松陰も兵学を学び、10歳にして中国の古典兵学をそらんじており、14歳で定期的に『孫子』の講釈をしていた。

現代において、『孫子』が最も応用されたのは、アジアにおける共産主義者のゲリラ戦法だったといわれている。中でも毛沢東が著した『中国革命戦争の戦略問題』『持久戦論』の中で論じている戦略と戦術に関する考え方は、現代版『孫子』といえるぐらいに酷似している。同じ共産主義者でも、ソ連のスターリンは、軍人たちが平板な地図を前に戦略を検討している間、地球儀を眺めながら戦略を練っていた。全世界を視野に入れたスターリンの発想の中から、日米両国を戦わせて消耗させるという戦略が生まれてくる。

(3) アメリカで暗躍したソ連人スパイ

アメリカは1940年から47年までの8年間、モスクワのコミンテルン本部からアメリカにいるエージェントへ発信された通信を監視していた。

しかし、当時のソ連は1回限りの暗号書を使用していたため解読できなかった。そこでアメリカは、日米戦争（大東亜戦争）の最中である1943年から解読作業を開始し、レーガン政権が誕生する直前の1980年まで解読作業を続けた。しかし80年ごろは、アメリカとソ連は冷戦下であり、アメリカはこれを機密文書扱いとした。

冷戦終結後の1995年、機密が解除され一般公開されたのが、解読された「ヴェノナファイル」である。当時、300人を超える米国人がソ連のスパイとして活動していたことが明らかになった。その中には、ルーズベルト政権で、財務次官補を務めていたハリー・ホワイトも含まれていた。彼は日本に対する最後通牒ハル・ノートを書いた張本人だといわれている。ホワイトは、ルーズベルト大統領の親友であるモーゲンソー財務長官を通じてルーズベルト大統領を動かし、日本をアメリカとの戦争に追い込んでいったのである。

スターリンは、自身が描いたシナリオ通りに日本とアメリカ両国を戦わせて消耗させることに成功したのである。

(4) 中国による対日工作活動

中央学院大学の西内雅教授が昭和47（1972）年にアジア諸国歴訪の途中で入手した「対日政治工作要綱」を読むと、中国が日本に仕掛ける情報戦争の脅威を知ることができる。

この文書には冒頭の基本戦略として、「日本を中国共産党の支配下に置く」ことを目標にしている。さらに工作員の任務として、「中国との国交正常化」「民主連合政権の形成」「日本人民民主共和国の樹立」という3つの戦略を立て、日本に様々な情報戦を仕掛けることを記している。

すでに第1期工作目標の「日中国交正常化」については、田中角栄首相との間で、昭和47（1972）年に実現している。第2期工作目標の「民主連合政権の形成」も、平成21（2009）年に民主党政権が誕生したことにより実現された

(民主党政権は国民からすぐに愛想を尽かされたが)。残すは「日本人民民主共和国の樹立」だけである。すでに政治家に対するハニー・トラップや、金銭での工作が繰り広げられ、第3期工作目標の実現も時間の問題かもしれない。過去にはスパイである中国人女性と愛人関係になり、中国に利用された首相さえいた。

また、日本メディアに対する工作も頻繁に行われている。中国共産党に操られた日本人が中国のスパイとして日本国内で活動しているケースもある。

日本人は人を疑うことや、人を騙すことに後ろめたさを感じる民族であるが、国際政治では、人を疑う、人を騙すことが常識であるということを、日本人は心得ておかなければならない。

(7) 工作員の活動

あなたの身近な場所に工作員がいる。気づかないうちに工作員と親しくなっているかもしれない。工作員に遭遇したらすぐに警察に通報しよう。

(1) 日本は工作員（スパイ）天国

日本は工作員天国といわれている。日本には世界の国ならどこでも持っている「スパイ防止法」がない。

工作員にとっての天国とは次のような状態だ。

①重要な情報が豊富な国。

②捕まりにくく、万一捕まっても重刑を課せられることがない国。

日本は最先端の科学技術を持ち、世界中の情報が集まる情報大国でもある。しかも、日本国内で、工作員がスパイ活動を働いて捕まっても軽微（けいび）な罪にしか問われない。スパイ活動を自由にできるのが今の日本なのである。

つまり、工作員にとっては何の制約も受けない「天国」だということを意味している。

アメリカに亡命したソ連KGB（国家保安委員会）のレフチェンコ少佐が「日本がKGBにとって、最も活動しやすい国だった」と証言している。ソ連GRU（軍参謀本部情報総局）将校だったスヴォーロフは「日本はスパイ活動に理想的で、仕事が多すぎ、スパイにとって地獄だ」と、笑えない冗談まで言っている。日本もなめられたものである。

主な国のスパイ罪の最高刑

　アメリカ（連邦法典794条＝死刑）、イギリス（国家機密法１条＝拘禁刑）

　フランス（刑法72・73条＝無期懲役）、スウェーデン（刑法６条＝無期懲役）

　ロシア（刑法典64条＝死刑）、中国（反革命処罰条例＝死刑）、北朝鮮（刑法65条＝死刑）

　日本は北朝鮮をはじめとする工作員を逮捕・起訴しても、せいぜい懲役１年、しかも執行猶予（しっこうゆうよ）がついて、裁判終了後には堂々と大手をふって出国していく。

　（「スパイ防止法」がないのは世界の中で日本だけ http://www.spyboshi.jp/spying/）

(2) 中国人女性工作員には警戒

中国が得意とするスパイ活動に「ハニー・トラップ（甘い罠）」という手段がある。ハニー・トラップは、女性工作員が狙った男性を誘惑し、性的な関係を利用して、男性を懐柔（かいじゅう）、もしくは脅迫して機密情報を聞き出す諜報活動のことだ。中国にとって、ハニー・トラップはサイバー攻撃と並んで機密情報を奪い取るための重要な手段となっている。

ホワイト工作員	ブラック工作員
外交官や政府から派遣された公務員に偽装している。相手国に駐在する情報工作員たちは、公式・非公式に会って情報を交換するため、各国は情報工作員を国外に派遣する際に、書記官や参事官、領事というような外交官の肩書を与えることが多い。ホワイト工作員の役割は、主に情報収集と任地でのロビー活動である。例えば、相手国の政治家に資金を提供して取り込み、自国に有利な政策を展開させるというような活動を行っている。 外交官は多くの場合、その実態が諜報員である。外交官の身分は外交特権を得るための隠れ蓑にすぎない。アメリカ大使館には、国務省職員のカバーをまとったCIA職員が、ロシア大使館付武官が実は軍の諜報機関であるGRUの要員…など。大使館は「秘密のスパイ組織」なのである。	身分を隠して潜伏活動を行っている。名前も身分も隠し、別人に成りすまして潜入する。身分は留学生・商社駐在員・マスコミ特派員など様々。本当の身分と役割を徹底的に隠すため、最後まで正体を隠して暮らしながら、現地人に化けることを試みる。現地女性と結婚しても、正体は絶対明らかにしないまま、妻にさえも身分を隠して生活するという厳しい状況の中に身を置きながら任務を続ける。ブラック工作員は「現地に定着するスパイ」なのである。将来に起きる可能性のある特殊任務を遂行すべく、息を潜めて生活している。例えば、韓国や日本と北朝鮮が決定的な紛争状態に陥った場合、市街地のテロを仕掛けたり、後方攪乱工作を行うのがブラック工作員の任務である。

表6：工作員の種類

イギリス紙タイムズ（電子版）が2014年11月に報じたところによると、イギリス国防省の諜報機関の上級職員向けに、中国のハニー・トラップ対策マニュアルを策定。

マニュアルは中国のハニー・トラップに関して「手法は巧妙かつ長期的。中国人諜報員は食事と酒の有効性を知り尽くしている」としたうえで、「中国の情報に対する貪欲(どんよく)

さは広範囲かつ無差別だ」と分析。「中国には諜報員が存在するが、彼らは国の諜報機関の命令によって動く中国人学生、ビジネスマン、企業スタッフの裏に隠れている」と指摘。

また、中国でのイギリス製薬大手グラクソ・スミスクライン（GSK）の汚職疑惑に絡んで、同社の中国責任者が自宅で中国人ガールフレンドとセックスしているところを隠し撮りされ、その動画がGSK役員らに送りつけられた。中国のハニー・トラップの標的になるのは、政府や諜報機関の関係者にとどまっていない。

中国人女性工作員の“活躍”はイギリスだけではない。アメリカ軍の最高レベルの機密情報にアクセスできる立場にあった元陸軍将校が、国際会議で出会った女性と2011年6月から恋愛関係となり、戦略核兵器の配備計画や弾道ミサイルの探知能力、環太平洋地域の早期警戒レーダーの配備計画といったアメリカ軍の機密情報を伝えたという。この元陸軍将校は国防機密漏洩の罪などで逮捕、刑事訴追された。（SankeiBiz 平成28年1月11日付）

中国人女性工作員は、日本人男性に対しても、ハニー・トラップを仕掛けてきている。中国の公安当局者が、女性問題をネタにして日本の領事に接近。この領事は総領事館と本省との間でやりとりされる暗号通信にたずさわっている電信官で、中国側は日本の最高機密であるこの電信の暗号システムを、領事に強要して手に入れようとした。だが、電信官は「自分はどうしても国を売ることはできない」という遺書を残して、平成16（2004）年5月に総領事館内で首吊り自殺をしている（上海日本総領事館領事の自殺事件）。

領事の自殺により、電信の暗号システムの情報流出は防げたが、中国に出張した際、ハニー・トラップに引っ掛かった政治家、企業家、研究者（技術者）は1000人をはるかに超えているといわれている。彼らの中には、中国側が欲しい情報を提供したことがある日本人もいるかもしれない。いや、発覚していないだけで、間違いなく情報を提供していると考えるべきだろう。

もしあなたが、これらの職業に就いていて、中国人女性が近づいてきた場合は、ハニー・トラップを警戒し、不用意に女性と深い仲にならないようにすべきだろう。

また、中国人女性と結婚した自衛官は500人を超えている。その中には幹部自衛官も含まれる。女性から自衛官に接触し結婚したケースが大多数だ。自衛隊の情報が中国側に漏（も）れているとしたら、日本の安全保障上にも影響を与えていることになる。

実際、平成19（2007）年1月、神奈川県警が海上自衛隊第1護衛隊群（神奈川県横須賀市）の護衛艦「しらね」（イージス艦）乗組員の2等海曹の中国籍の妻を入管難民法違反容疑（不法残留）で逮捕。家宅捜索したところ、イージス艦の迎撃システムなど機密情報に関する約800項に及ぶファイルが発見されている。

2005年6月に中国のシドニー総領事館の一等書記官だった陳用林（ちんようりん）がオーストラリアに亡命した。彼は、日本国内に現在1000人を優に超える中国の工作員が活動していると証言している。

コラム：中国の国防動員法が発令されたら

2010年4月、中国で1つの法律が制定された。「国防動員法」である。他国で制定された法律であり、日本のマスコミもほとんど関心を示さなかったため、おそらく大半の日本人は知らない。しかしこれは将来、日本人にも災いをもたらす可能性を秘めたとんでもない法律なのだ。

同法は、1997年3月に施行された国防法を補完するものである。中国が有事の際に全国民が祖国を防衛し侵略に抵抗するため、あらゆる分野を国の統制下に置くことを定めた法律である。金融機関や交通輸送手段、港湾施設、報道やインターネット、郵便、建設、水利、民生用核関連施設、医療、食糧、貿易などの物的・人的資源を徴用（ちょうよう）できるとし、民間企業には、戦略物資の準備と徴用、軍関係物資の研究と生産に対する義務と責任があると定められている。

問題は、この法律が発令されたとき、日本を含めた外資や合弁会社も適用対象になるということを、国防動員委員会総合弁公室主任の白自興少将が明言していることである。

この法律には、「国防の義務を履行（りこう）せず、また拒否する者は、罰金または、刑事責任に問われる」という条項がある。万一、中国が日本に対して攻撃を仕掛け、この条項が日本企業にも適用されるようなことがあれば、日本企業には中国に協力する義務が生じ、中国に人質にされたのも同然となる。

さらに憂慮すべきは、海外にいる中国人にもこの法律が適用されるという条項である。

「国防義務の対象者は、18歳から60歳の男性と18歳から55歳の女性で、中国国外に住む、中国人も対象となる」

2008年の北京オリンピックのとき、長野市で行われた聖火リレーの沿道に大挙して集まった中国人の集団行動（暴動）があったが、このとき以上の大きな事件が起きる危険性をこの法律ははらんでいる。つまり、日本に住んでいる中国人に中国共産党から指令が発せられれば、その瞬間か

ら人民解放軍の兵士として、日本国内で一斉に蜂起することもあり得るということである。

いくらなんでも、そこまではやらないだろうと思われる向きがあるかもしれない。だが、領土問題に際して大規模な官製デモを起こしたり、南シナ海では周囲の批判も意に介さず岩礁を埋め立てるような国である。決してあり得ない話ではない。2013年に日本の中国大使館は日本在住の中国人に対し、緊急連絡先を登録するよう指示を出している。行動を起こせる下地はすでに整っているのである。

中国がこの法律の検討を始めたきっかけは、1982年のフォークランド紛争である。

これは周知の通り、フォークランド諸島の領有をめぐるイギリスとアルゼンチンの紛争だが、イギリスはこのとき、クイーン・エリザベス２世号をはじめとする民間船舶も徴用して輸送艦として活用。それがイギリスの勝利に大きな貢献を果たした。

これを見ていた中国は、自国の有事に際しても同様の手段を講じられるように研究を始め、約30年がかりで国防動員法の施行に漕ぎ着けたのである。

中国は国の近代化に伴い、軍の近代化も模索していた。軍の近代化とは、量から質への転換であり、平時は軍備をなるべく最小限に抑え、有事には最大限の人員、物資を投入できる体制を確立することである。退役した軍人を再び服役させる予備役制度を復活させたのもその１つであるが、さらに広く民間の力を導入するため施行したのが国防動員法なのである。

この法律の施行に際して、対外的に発表すべきか否かで議論があったようだ。結局発表に踏み切ったのは、中国がそれだけ国力をつけ、他の国に文句を言わせないという自信を持ったからだろう。

したがって、中国国内のBMWの工場であれ、フォルクスワーゲンの工場であれ、発令されれば没収の対象となる。

今ではほとんどの国にチャイナタウンがあり、世界中にたくさんの中国人がいるが、どこの国でもこの法律に従って、中国人が行動を起こす可能性はある。

その意味では、日本のような治安の整った国よりも、むしろ政情不安な国のほうが目的を達しやすいかもしれない。例えば、アフリカの国の内乱を助長し、中国寄りの政権を作らせ、その国から産出される資源の取得を有利に進めることも考えられる。

国防動員法によって、直接武力を行使しなくても、相手の国を攪乱し、自分たちに有利な状況を作り出すことが可能になった。

以上のことを踏まえ、日本は早急に対策を講じなければならない。

この法律が発令され、中国にある日本の工場などとともに、日本人が人質にとられてしまった場合、どう対応すべきか。これは政府ばかりでなく、民間もそうした事態を想定しておく必要がある。

日本国内にいる中国人が何らかの問題を起こした場合も同様である。長野の聖火リレーで中国人の暴動が起きたとき、警察はほとんど為す術もなく手を拱いていた。将来、日本在住の中国人が何らかの騒動を起こし、それを中国の国防動員法に基づいて行ったと主張すれば、日本はこれをどう裁くのか。

国防動員法が制定された同じ日に、日本では観光振興のため、これまで富裕層に限っていた中国人の個人観光客向けの査証（ビザ）の発給要件が中間層にまで緩和された。

平成23（2011）年7月1日からは、沖縄を訪れる中国人個人観光客に対して、マルチビザ（有効期限内であれば、何度でも出入りできる査証）が発給されるようになった。

いずれも観光振興のための施策ではあるが、入国者数が増えれば、そのぶんリスクも高まることを認識しておかなければならない。

同時に、何か起きた際に適切な対処ができるような、カウンターパートの法律を早急に施行する必要があるだろう。

観光客に紛れ込む工作員

(3) 北朝鮮による対日工作活動

日本国内に北朝鮮の工作員はどれくらい潜伏しているのだろうか。不審船や木造船を用いて不法上陸したり、他人に成りすまし偽造パスポートなどで入国している工作員も間違いなくいる。

一方、工作員は日本人の協力者や在日本朝鮮人総聯合会(略称は朝鮮総聯)に関係する在日朝鮮人らと共謀して、日本からヒト、モノ、カネなどを持ち出してきたことは周知の通りだ。日本人拉致、核開発関連の研究者の勧誘、ミサイル技術流出への関与、日本製品の不正輸出、不正送金など。麻薬・拳銃売買などの非合法活動にも手を染めているのが朝鮮総聯である。祖国防衛隊事件や文世光(ムンセグァン)事件を引き起こした歴史的経緯から、公安調査庁から破壊活動防止法に基づく調査対象団体に指定されている。

北朝鮮で製造されるミサイル部品の90パーセントは日本から輸出されていた(2003年5月、米上院公聴会での北朝鮮元技師の証言)。北朝鮮の核施設元職員で1994年に韓国に亡命した金大虎は、各施設には多数の日本製の機械や設備があったと証言。平成24(2012)年3月、北朝鮮にパソコンを不正輸出したとして外為法違反罪で在日朝鮮人の会社社長が逮捕された。北朝鮮への経済制裁で全面禁輸となった後も、パソコン機器1800台を無承認で輸出。関連機器の輸出総数は約7200台にのぼるとみられている。

・木造船で不法上陸？

平成29（2017）年秋ごろから日本海沿岸に北朝鮮船籍と思われる木造船が数多く漂着している。以前から同じような木造船が日本海沿岸で発見されていたが、報道はほとんどされてこなかった。

同年11月23日、秋田県由利本荘市の船係留場に全長約20メートルの木造船が流れ着き、乗組員8人が警察に保護された。8人は調べに対し、イカ釣り漁の最中に船が故障し、およそ1カ月漂流していたと話したという。

これ以外にも、北海道や青森、秋田、山形、新潟、石川の各県で北朝鮮籍の漁船と思われる木造船が漂着・漂流している。中には船内から遺体が発見されたケースもあった。

だが、一連の漂流・漂着を単なる漁民の漂流・漂着として片づけることのできない事態が起きた。

日本は6852の島嶼（とうしょ）（周囲が100メートル以上）から構成されているが、そのうちの約6400が無人島で、それに伴う海岸線の総延長距離は3万3889キロメートルに達している。24時間体制で海上保安庁が海上から不審船等を監視・警戒しているとはいえ、すべてを確認することは難しい。木造船はレーダーでは見つけにくいという問題もあるなか、北海道松前町の無人島である松前小島に一時避難した北朝鮮籍の木造船が、北朝鮮人民軍傘下の船とみられることが同年12月5日に明らかになったのだ。船体には「朝鮮人民軍第854軍部隊」というプレートがハングル文字と数字で記されていた。

北朝鮮では、軍が漁業や農業などの生産活動にも従事しており、乗組員9人は、北海道警の事情聴取に対して、秋田県由利本荘市の事案と同様に「約1カ月前に船が故障し、漂流していた」と話しているが、信用していいか疑わしいところだ。普通に考えれば、1カ月も海上を漂流すれば、食料や水が底をつき、栄養失調になったり、衰弱していてもおかしくない。乗組員が元気ということは、普段から訓練をしている軍人もしくは工作員であると思って間違いないだろう。平成29年12月23日に見つかった秋田県由利本荘市の船係留場に漂着した木造船が、2日後の25日朝に沈没したが、明らかに海保や秋田県警が船内を捜索する前に、証拠隠滅(いんめつ)を図(はか)ったと考えるのが妥当だ。また、発見を免(まぬが)れた乗組員以外の工作員が、上陸し潜伏している可能性もある。

また、日本海沿岸は北朝鮮による拉致事件が多発した場所でもある。拉致被害者の1人である横田めぐみさん（当時13歳）が、新潟市内で学校からの下校途中に拉致されたことを考えれば、一連の木造船が漁業だけを目的とした船とは到底思えない。間違いなく何らかの任務を与えられていると考えなければならない。

・感染する恐怖

平成29（2017）年11月30日の参議院予算委員会で、自民党の青山繁晴(あおやましげはる)議員が「北朝鮮の木造船が次々に漂着している。異様だ。北朝鮮は兵器化された天然痘ウイルスを持っている。もし、上陸者ないし侵入者が、天然痘ウイルスを持ち込んだ場合、ワクチンを投与しないと無限というほど広がっていく」と問題提起したうえで、バイオテロにつながりかねないとの認識を示した。

青山議員が提起した天然痘ウイルスの感染や生物兵器を使用しバイオテロが現実となれば、日本国内は間違いなくパニックに陥(おちい)るだろう。

韓国国防白書によれば、北朝鮮は複数の化学工場で生産した神経性、水泡性、血液性、嘔吐性、催涙性等、有毒作用剤を複数の施設に分散貯蔵し、炭疽菌、天然痘、コレラ等の生物兵器を自力で培養及び生産できる能力を保有していると分析している。アメリカ科学者連盟(FAS)は、北朝鮮は一定量の毒素やウイルス、細菌兵器の菌を生産できる能力を持ち、化学兵器(サリンや金正男(キムジョンナム)氏の暗殺に使われたVXガスなど)についても開発プログラムは成熟しており、かなり大量の備蓄があるとみている。アメリカ国防総省も、北朝鮮は生物兵器の使用を選択肢として考えている可能性があると指摘している。

そのため、韓国に駐留する在韓アメリカ軍兵士は、2004年から天然痘のワクチン接種を受けている。アメリカはテロ対策のため天然痘ワクチンの備蓄を強化し、2001年に1200万人分だった備蓄量を2010年までに全国民をカバーする3億人分まで増やしている。日本でも天然痘テロに備えて、厚生労働者がワクチンの備蓄を開始しているが、備蓄量は公表されていない。

ここで青山議員が提起した天然痘ウイルスについて、もう少し詳しく説明したい。

日本では、昭和31（1956）年以降に国内での発生は見られておらず、昭和51年にワクチン接種は廃止された。

感染経路は、くしゃみなどのしぶきに含まれるウイルスを吸い込むことによる感染（飛まつ感染）や、患者の発疹やかさぶたなどの排出物に接触することによる感染（接触感染）がある。患者の皮膚病変との接触やウイルスに汚染された患者の衣類や寝具なども感染源となる。潜伏期間は平均で12日間程度。急激な発熱（39度前後）、頭痛、四肢痛、腰痛などで始まり、一時解熱したのち、発疹が全身に現れる。発疹は紅斑→丘疹→水疱（水ぶくれ）→膿疱（水ぶくれに膿がたまる）→結痂（かさぶた）→落屑と移行していく。ワクチン未接種の場合、20～50パーセントの感染者が死亡する。

ただし感染後、4日以内にワクチンを接種すれば発症を予防したり、症状を軽減できるとされている。だが、日本では半世紀発生していないため、医師も実際の症状を見たことがない。そのため医師によるスムーズな対応ができず、感染の拡大を招く恐れもある。

北朝鮮による天然痘ウイルスをはじめとする生物兵器を

使用するバイオテロは、私たちの身近なところで起きる可能性もある。不法に上陸をする工作員によって、日本国内に生物兵器が持ち込まれる可能性は拭いきれない。

※参照：(9) パンデミックへの備えは十分か

北朝鮮工作船の活動

平成13（2001）年12月に起きた「九州南西海域工作船事件」では、翌年に引き揚げられた船体から、小型舟艇、ゴムボート、水中スクーター等、北朝鮮工作員が潜入・脱出するための道具やロケットランチャー、携帯型地対空ミサイル等、極めて殺傷力、破壊力の強い武器が多数発見され、その脅威（きょうい）が明らかになった。

翌年9月に行われた日朝首脳会談で、金正日（キムジョンイル）国防委員長は、引き上げられた工作船について、北朝鮮によるものであることを認める発言をしている。北朝鮮工作船は、現在も工作員の潜入・脱出に用いたり、拉致などを行うときに用いられている。

「新宿百人町事件」（平成12年11月）、「東中野事件」（平成15年2月）では、対韓地下工作や、万景峰92号を利用した指令文書のやりとり、工作員への指導などを目的としていたことが明らかとなっている。

「スリーパー・セル」とは何者なのか

「スリーパー・セル」。この言葉をめぐり論争が勃発（ぼっぱつ）した。平成30（2018）年2月11日放送のテレビ番組「ワイドナショー」（フジテレビ系）で、東京大学の三浦瑠麗（みうらるり）講師が「スリーパー・セル」に言及すると、途端に激しいバッシングを浴びた。

英語で「潜伏工作員」の意味で用いられる表現だ。平時は一般市民に同化して目立たないように生活しており、有事には組織から指令を受けて諜報活動、破壊工作、テロ行為などに及び、内部から攪乱（かくらん）する。スリーパー・セルの個々の分子は単に「スリーパー」と呼ばれることもある。

日本において北朝鮮のスリーパーが都心部などに潜伏している可能性は決して否定できない。北朝鮮からの呼びかけに応じて、各都市で破壊活動やテロ活動をする準備をしながら、一般市民に紛（まぎ）れているとみられている。

現在、日本に潜伏しているスリーパー・セルだが、その活動内容は、北朝鮮のサポートをすることが目的とみられている。ただ、公安当局も詳しくはつかんでいないようだ。

スリーパー・セルは、北朝鮮のラジオなどから流される暗号を受信して行動に移ることになっている。現在は目立った活動はしていないが、北朝鮮がいつ、どんな指令を下すのか。それは分からない。スリーパー・セルは銃器も持っているし、もちろん扱える、爆発物や生物・化学兵器なども扱える可能性がある。それに加えて情報操作などを行い、嘘の情報を流すことでパニックを起こさせることだってやりかねない。

韓国の高永喆（こうよんちょる）元国防相専門委員・北韓分析官によると、日本人を拉致し、そのパスポートで韓国に入国し、工作活動をした辛光洙（シングァンス）が代表的なスリーパー・セルだったと。現在も、日本国内には第2の辛光洙のようなスリーパー・セルに包摂（ほうせつ）された協力者が、約200人は潜伏している可能性があるとしている。

2017年2月、金正男氏がマレーシアのクアラルンプール国際空港で毒殺されたが、当時、協力者として逮捕された李正哲（リジョンチョル）という北朝鮮人は、現地製薬会社の社員に成りすまして暗躍したスリーパー・セルであることが明らかになっている。

スリーパー・セルは、あなたの近くに普通の会社員や学生として潜んでいるかもしれない。また、不審な行動をする人がいたら、すぐに警察に通報することも忘れずに。

(4) ロシアによる対日工作活動

（警備警察50年 https://www.npa.go.jp/archive/keibi/syouten/syouten269/index.htm）より

1. ソ連時代

戦後、東西冷戦の中、日本が自由主義陣営（西側陣営）の重要な一翼を担うようになると、ソ連を中心とする国際共産主義運動勢力による対日工作活動が活発に行われるようになった。

ソ連が、外交官、通商代表部、ジャーナリストなどをカバーとして相当数の情報機関員を日本に送り込み、内外政策や軍事、科学技術に関する諜報活動や高級政府職員をはじめとする日本人エージェントを運営して様々な対日工作活動を行っている実態が、「ラストボロフ事件」、「コノノフ事件」、「レフチェンコ証言」などにより明らかになった。

・ラストボロフ事件（昭和29〈1954〉年1月）

アメリカに亡命した在日ソ連通商代表部二等書記官だったラストボロフは、ソ連の秘密情報機関が日本のあらゆる政府機関に手先を送り込ませていること、自身が情報機関員で外交官を装って日本の内外政策について情報活動に従事していたことを明らかにした。ラストボロフの供述に基づき、警視庁は、外務省事務官を国家公務員法違反で、貿易会社社長を外国為替及び外国貿易管理法違反で検挙した。

・コノノフ事件（昭和46年7月）

在日ソ連大使館付武官補佐官だったハビノフ陸軍中佐及びコノノフ空軍中佐が、アメリカ軍基地に出入りしていた通信機器部品の販売ブローカーであるAに巧みに働きかけを行い、多額の現金と引き換えにアメリカ軍機密資料等の入手を企てていた事件で、警視庁は、Aを刑事特別法違反で検挙。ソ連側は、スパイの誓約書に署名させたうえ、交信用の暗号表、乱数表、タイムテーブル等を手渡し、Aを本格的スパイに仕立て上げた。

・レフチェンコ証言（昭和57年12月）

KGB機関員のノーボェ・プレーミヤ誌東京支局長だったレフチェンコが、アメリカ議会でソ連の工作活動について証言し、多数の日本人エージェントを運営して、政治工作を行っていた実態を明らかにした。

2. ロシア連邦の誕生、KGBの解体

ソ連崩壊後のロシアにおいても、KGB（国家保安委員会）の流れを汲むSVR（対外情報庁）やFSB（連邦保安庁）、軍の情報機関であるGRU（軍参謀本部情報総局）を存続させ、スパイ活動を日本国内で展開。警察は「イリーガル機関員による旅券法違反事件」や「通商代表部員に係る業務上横領事件」などを検挙し、ロシアが日本において従前通りのスパイ活動を継続している実態を解明した。

・イリーガル機関員による旅券法違反事件（平成9〈1997〉年7月）

SVRに所属するイリーガル機関員（国籍を偽るなど身分を偽装して入国しスパイ活動を行う者）が昭和40年ごろから約30年にわたり我が国内外においてスパイ活動を行っていた事件で、警視庁は、被疑者宅から乱数表、受信機等を押収し、同人がSVR本部と連絡をとっていたことを確認。さらに、SVR機関員とみられる在日ロシア大使館一等書記官が、関係者の活動に深く関与していた実態を解明した。警察は、ICPO事務総局を通し被疑者に対する国際手配を行っている。

・通商代表部員に係る業務上横領事件（平成9年11月）

日本人翻訳家が、SVR機関員とみられる在日ロシア通商代表部員からスパイ工作を受け、約7年にわたりハイテク技術関係のスパイ活動を行っていた事件で、警視庁は、翻訳家を業務上横領罪で検挙した。翻訳家は、KGBからSVRへの改組を通じて4人の機関員に運営されていた。

3. プーチン政権

エリツィン大統領の突然の辞任によりロシアを引き継いだプーチン大統領は、国家の中枢に旧KGB出身者を多数登用して政権基盤を強化。プーチン政権下では情報機関の組織や権限などを強化する傾向が見られる。警察は、「ボガチョンコフ事件」、「元通商代表部員に係る秘密保護法違反事件」で関係者を検挙し、ロシアがアメリカ軍や日本の防衛に関する諜報活動を行っている実態を明らかにした。

・ボガチョンコフ事件（平成12年9月）

GRU機関員とみられる在日ロシア大使館付海軍武官だったボガチョンコフ大佐が、日ロ防衛交流をきっかけとして知り合った海上自衛官から自衛隊内の秘密文書を入手していた事件で、警視庁と神奈川県警察の合同捜査本部が、同自衛官を自衛隊法違反（秘密漏えい罪）で検挙した。自衛官は、同武官から現金等を受け取り、その見返りとして自衛隊内の秘密文書や内部資料を渡していた。

・元通商代表部員に係る秘密保護法違反事件（平成14年3月）

GRU機関員とみられる在日ロシア通商代表部員が、防衛調達関連会社社長に対し、米国から供与された情報で我が国の「防衛秘密」であるレーダー誘導ミサイル等に関する情報入手をそそのかしていた事件で、警視庁が、日米相互防衛援助協定等に伴う秘密保護法違反（防衛秘密の探知収集の教唆（きょうさ）罪）で検挙した。

※ソ連時代の工作活動は、ロシアという国になっても続いているのだ。

(8) 海外渡航情報をチェックしよう

海外で誘拐され、身代金などが日本政府などに要求されると、日本の国益を左右する事態になる場合もある。危険地域（国・地域）に渡航する場合は、外務省が提供している情報の収集を怠(おこた)るな。

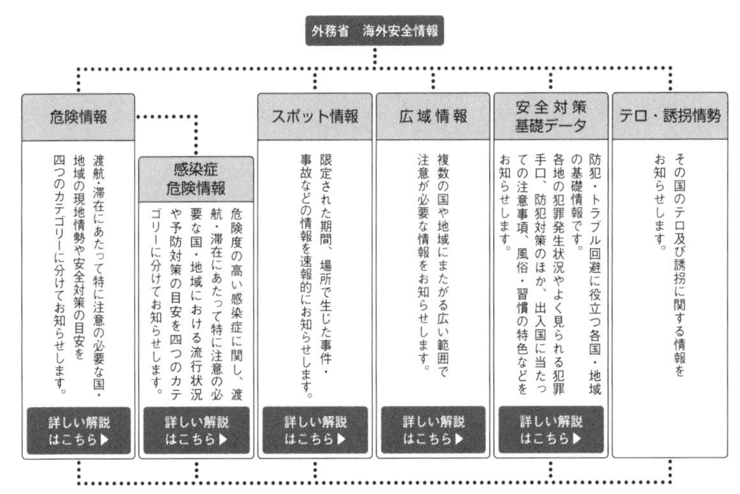

図4：外務省「渡航先の国・地域の情報確認」の流れ図
（外務省ホームページ https://www.anzen.mofa.go.jp/masters/gaiyo.html）

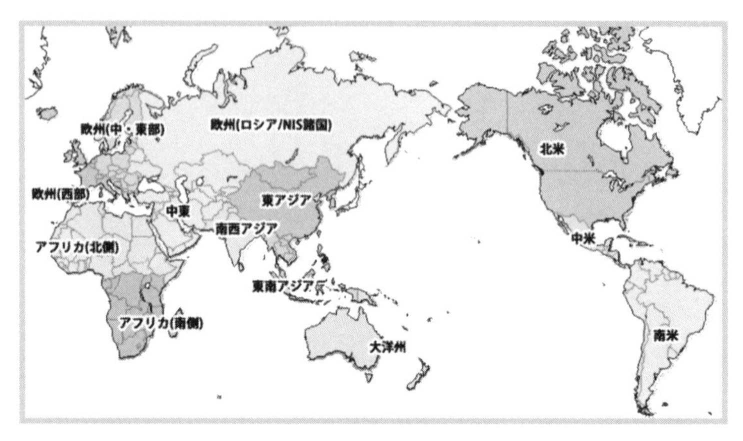

欧州(中・東部)　欧州(西部)　アフリカ(北側)　アフリカ(南側)
中東　欧州(ロシア・NIS諸国)　東アジア　南西アジア
東南アジア　大洋州　北米　中米
南米

図5：外務省「渡航先の国・地域の情報を地図から検索」
（外務省ホームページ https://www.anzen.mofa.go.jp/riskmap/index.html）

(9) パンデミックへの備えは十分か

海外から帰国して、体調不良の場合はすぐに病院に。感染症の情報には敏感になろう。

パンデミックが起きたら

20世紀中に起きたパンデミックは過去3回ある。すべてがインフルエンザだった。世界中で2000万人以上が死亡したとされるスペイン風邪（1918～19年）も、もともとは鳥インフルエンザウイルスが原因だった。

パンデミックが起きれば交通網が止まり、医療機関は患者であふれることになる。世界銀行は、スペイン風邪のような深刻なパンデミックが起きた際の損失を、世界の国内総生産（GDP）の約5パーセントにあたる4兆ドルと試算している。日本政府の想定では最悪の場合、国内の患者数が2500万人、死者を64万人と推計。アメリカ政府は2017年6月に発表した想定では、死者は最悪で193万人にのぼると予測している。

パンデミックの危険を知る

パンデミックとは、感染症の世界的な流行のことをいう。世界保健機関（WHO）は流行の範囲に応じてパンデミック警戒レベルを6つのフェーズに分けている。テレビなどでパンデミックに関する情報を聞いたら、不要不急な外出や人が集まる場所へ行くのは避ける。

海外から帰国した後に体調不良を感じたら、感染症にかかっている危険性がある。帰国後に下痢や発熱などの症状が出たら、注意が必要だ。できるだけ早く医療機関に受診する。受診の際は、旅行先、旅行日程、旅行中の行動などの詳細を伝え、医師の指示に従う。

パンデミックに発展する恐れのある疾病

世界保健機関の国際的感染症対策ネットワーク（2009）が警戒する感染症は、炭疽、鳥インフルエンザ、クリミア・コンゴ出血熱、デング熱、エボラ出血熱、ヘンドラウイルス感染症、肝炎、インフルエンザ、2009年のインフルエンザ（H1N1）、ラッサ熱、マールブルグ熱、髄膜炎症、ニパウイルス感染症、ペスト、リフトバレー熱、重症急性呼吸器症候群（SARS）、天然痘、野兎病、黄熱病の19の感染症である。

感染症の種類

感染症は、毎年流行する季節性のインフルエンザから、最悪の場合、死に至るようなものまである。感染症は、感染症法に基づいて1類から5類感染症までのいずれかに分類され、診断した医師は最寄りの保健所に届け出ることが義務づけられている。

1類感染症	エボラ出血熱、クリミア・コンゴ出血熱、痘そう、南米出血熱、ペスト、マールブルグ病、ラッサ熱。
2類感染症	急性灰白髄炎、結核、ジフテリア、重症急性呼 吸器症候群（病原体がベータコロナウイルス属 SARSコロナウイルスであるものに限る)、中東 呼吸器症候群（病原体がベータコロナウイルス属MERSコロナウイルスであるものに限る)、鳥インフルエンザ（H5N1及びH7N9)。
3類感染症	コレラ、細菌性赤痢、腸管出血性大腸菌感染症、腸チフス、パラチフス。
4類感染症	E型肝炎、ウエストナイル熱、A型肝炎、エキノコックス症、黄熱、オウム病、オムスク出血熱、回帰熱、キャサヌル森林病、Q熱、狂犬病、コク シジオイデス症、サル痘、重症熱性血小板減少症 候群（病原体がフレボウイルス属SFTSウイル スであるものに限る)、腎症候性出血熱、西部ウ マ脳炎、ダニ媒介脳炎ほか。
5類感染症の一部	アメーバ赤痢、ウイルス性肝炎（E型肝炎及びA型肝炎を除く)、カルバペネム耐性腸内細菌科細 菌感染症、急性脳炎（ウエストナイル脳炎、西部 ウマ脳炎、ダニ媒介脳炎、東部ウマ脳炎、日本脳炎、ベネズエラウマ脳炎及びリフトバレー熱を除く）ほか。

表7：感染症の種類　（『東京防災』より）

感染症の予防

①うがいと手洗いをする。

②感染者の血液、分泌物、排泄物などに触れる可能性がある場合には、手袋を着用。

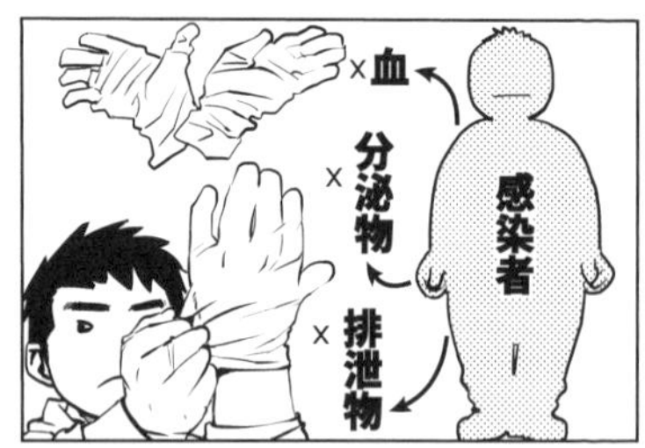

③マスクを着用する。

(10) 世界初、都市で起きた化学テロ

世界を震撼(しんかん)させたテロ事件から日本人は何を学んだのか。状況認識が理解できないリーダーの下では被害が拡大するだけだ。

史上初の化学兵器を使用したテロ事件

平成7（1995）年3月20日午前8時ごろ、東京都内の営団地下鉄（現・東京メトロ）内で神経ガスのサリンを使用した同時多発テロ事件（地下鉄サリン事件）が起きた。この事件では13人が死亡、負傷者は約6300人にのぼり、現在も後遺症で苦しんでいる人が多数いる。

日本では昭和49（1974）年に8人が死亡、367人が負傷する三菱重工爆破事件や、昭和55年に6人が死亡、14人が負傷した新宿駅西口バス放火事件でも、国民は大きな衝撃を受けたが、大都市で一般市民に対して化学兵器が使用された史上初の無差別テロ事件は、日本国内だけでなく世界中を震撼させた。平成6年には長野県松本市で8人が死亡、660人が負傷する松本サリン事件も起きている。

松本サリン、地下鉄サリン事件を起こしたのは、麻原(あさはら)彰晃(しょうこう)こと松本智津夫(まつもとちづお)が設立した宗教団体のオウム真理教だ。麻原は本気で日本転覆(てんぷく)を考えていたようで、様々な兵器を開発する過程でサリンの製造を行っていた。

だが、麻原の計画に狂いが生じ始める。平成７年元旦の読売新聞が、教団本部がある山梨県上九一色村から「サリン残留物を検出された」と書いたのだ。さらに２月に入り、目黒公証人役場事務長監禁致死事件（仮谷清志さん拉致事件）もオウム真理教の関与が疑われた。麻原は警察による教団本部への強制捜査が近いと判断し、強制捜査を阻止するために地下鉄サリン事件を実行したのである。

災害派遣命令で出動した隊員たち

警察、消防は地下鉄サリン事件発生後、直ちに救急救命活動のため出動した。「異臭がする」「倒れている人がいる」などの通報を受けた警察官や消防官の多くが、サリンに対してまったくの無防備状態で地下鉄構内に飛び込み、救急救命活動にあたったため、警察官や消防官にも多数の被害が出る。搬送先の病院では、負傷者に付着したサリンが気化するなどして、医療スタッフにも二次被害が出た。

自衛隊の部隊で出動したのは、市ヶ谷に駐屯していた陸上自衛隊第32普通科連隊だ（現在、市ヶ谷に防衛省が移転してきたため、第32連隊は大宮に移転している）。

現場指揮官として、地下鉄サリン事件の対応にあたった連隊長の福山隆１佐が退官後の平成21年に出版した『地下鉄サリン事件戦記』（光人社）には、そのときの連隊内部の騒然とした様子が書かれている（福山氏は平成17年に陸将で退官）。

詳しくは『地下鉄サリン事件戦記』を読んでほしいが、福山１佐はこの中で、自分の部下たちを送り出すに際し、次のように回想している。

「毒ガスが散布され人が死亡しているというのに何故『治安出動命令』ではなく『災害派遣命令』なのか？（中略）毒ガスを散布するような犯人は、常識では考えられない暴挙をしでかすと考えた方がいいだろう。犯人たちは、地下鉄に毒ガスを散布しただけでは満足せず、引き続き人が集まる場所に毒ガスを撒き散らしたり、銃や爆弾を用いて無差別テロを継続するかもしれない。（中略）災害派遣命令で出動する場合は、法的に小銃や拳銃（弾薬を含む）は携行できないので、万一、そうなった場合には、市民を守ることはできない」

福山１佐が心配する中、上級部隊である第１師団司令部から「第32連隊は、日比谷駅、霞ヶ関駅、築地駅、小伝馬町駅の計四カ所に除染隊を派遣せよ」という命令が下りる。

第32連隊の約120人の隊員と化学科部隊の約70人の隊員をもって編成された４個の除染隊は、午後１時30分には市ヶ谷駐屯地を出動していった。

除染任務を無事に終え、深夜になって三々五々、除染隊が帰隊すると、福山１佐の心配は杞憂（きゆう）に終わることになる。が、自衛隊のオウム事件への対応は、これで終わったわけではなかった。

陸自の中で検討された作戦

地下鉄サリン事件後、オウム真理教による新たなテロや軍事作戦などを想定して、陸上自衛隊がどのような「作戦計画」を準備していたかを福山1佐の著書から紹介したい。

地下鉄サリン事件の翌日、第1師団の杉田師団長から福山連隊長宛に1通の茶封筒が手渡された。そして、その中に書かれていた「作戦計画」を、福山氏は『幻の作戦計画』と命名している。戦闘地域は教団本部のある山梨県上九一色村と、教団施設が集中する東京都内が想定されていた。

出動する部隊の任務は次の通りだ。

①警察力がオウム真理教の武装集団を制圧できない場合に備え、防衛庁長官直轄の精鋭部隊の第1空挺団（千葉県習志野市）を待機させる。

②教団本部に警察官が踏み込んだ際に、警察官が次々に死傷した場合には、第34普通科連隊（静岡県板妻駐屯地）が化学部隊の応援を得て対処する。万が一に備えて、静岡県駒門駐屯地所属の第1戦車大隊と第1特科連隊も待機させる。

③旧ソ連製ヘリコプターによる空中からの攻撃に対しては、第1高射特科大隊（駒門駐屯地）が備える。

④教団本部にスクランブル発進できるように、攻撃用ヘリコプター「コブラ」を待機させておく。

⑤負傷した警察官や自衛官を収容するための自衛隊医療

チームを編成する。

⑥東京都内の教団施設への強制捜査の際には、第32普通科連隊（市谷駐屯地）と第1普通科連隊（練馬駐屯地）が、第101化学防護隊などとともに、サリン攻撃などに備える。

以上が『幻の作戦計画』の概要である。

なお、福山1佐によると、この『幻の作戦計画』は何の法的根拠もない、単なる「夢物語」あるいは「作文」とも見なし得るものだったという。地下鉄サリン事件後10年以上も経過しており、すでに記憶が薄れ、あるいは自分が当時思い描いた仮想のシナリオを「作戦計画」に書かれた現実の内容と混同している部分もあるとしている。

オウムによるさらなる無差別テロが実行されていたら

幸いにして、オウム真理教による新たなテロや軍事作戦は起きなかった。だが、その後の警察の捜査によって、自動小銃1000丁を製造しようとしていたことや、空中からのサリン散布、国会襲撃などを計画していたことが明らかになっており、『幻の作戦計画』が現実の作戦として実行されるような状況になっていた可能性も十分にあるのだ。

そうなれば東京をはじめとして戦闘地域となったところでは、一般市民にも多くの犠牲者が出てパニック状態に陥っていたに違いない。想像しただけでもぞっとする光景が目に浮かぶ。

現在、世界中で過激派組織のテロによって、多数の犠牲者が出ている。

日本国内では、オウム真理教による地下鉄サリン事件以降、日本人が犠牲となるテロ事件は起きていない。だが、今後も絶対に起きないという保障はどこにもない。過激派組織が日本国内に潜入してテロを行うことも考えられるからだ。「第2のオウム真理教」が出てくる可能性もあるのだ。

サリン事件の教訓は生かされているのか

人類史上初の化学テロであるサリン事件が起きても、自衛隊を「災害派遣命令」として出動させたのは、社会党党首の村山富市（むらやまとみいち）が首相を務めた政権だった。

サリン事件から20年以上が過ぎた今、日本のテロ対策（法制・組織）は万全といえるのか。日本国内で新たなテロによる犠牲者が出ない保障はどこにもない。

選挙で政治家を選ぶ基準のひとつが「危機管理」であることが常識となるようにしていきたいものである。

(11) テロを誘発する危険性

どこまで被害の状況を公開するべきなのか。記者会見がテロに標的の場所を教えてしまった。

東京を襲った大規模停電

平成28（2016）年10月12日午後3時30分ごろに起きた大規模停電で、都心は一時パニックになった。港区や千代田区、新宿区など東京都内11区で約58万軒が停電した。警視庁によると、停電の影響で、都内では一部の路線で電車が運休。鉄道網が寸断されることは都市機能の麻痺を意味する。また、約200カ所の信号が停止。エレベーターの閉じ込めも相次いだ。

国家の中枢機能が集まる霞が関の官庁街でも10分ほど停電。警視庁では約30分も停電し、その間は固定電話が使用できない状態だった。治安を担当する警視庁で停電が起きたことは、危機管理上も問題だ。

停電は約1時間半後には完全に解消したが、交通機関の混乱は夜まで続いた。

送電線から出火

停電の原因は、埼玉県新座市にある東京電力施設「新座洞道新洞26号」に敷設（ふせつ）された送電ケーブルの火災によるものだった。火災を起こした送電線は、使用開始から35年が過ぎており老朽化していた。

東電は記者会見で「送電線は血管みたいなもので、各地の発電所、変電所から“大動脈”を伝って都心部に向かい、“毛細血管”に広がって各家庭に電気が届く。今回は新座変電所から東京の練馬、豊島両変電所に続く6本の“太い血管”のうち1本が破れ、そのあおりで残り5本も使えなくなり、“心停止”してしまったというわけです」と説明したうえで、首都圏の送電網や送電施設の場所について、パネルを使用して説明していたが、そこまで詳しく公開する必要があったのか。国民に知らせる情報は、火災の原因だけで十分だったのではないか。

テロの標的となる送電施設

今回の火災によって、都心に電力を供給するための送電施設の場所が公となった。東京を機能麻痺にさせようと考えるテロリストに、テロを実行する場所を教えてあげているようなものだ。今回の火災によって「送電線テロ」のリスクが高まったことだけは間違いない。

送配電会社の東京電力パワーグリッドによると、東電管内には架空と地中を合わせて4万キロメートル超の送電線が張りめぐうらされているという。地球1周分と同じ長さである。

テロリストにとっては、格好の標的だ。

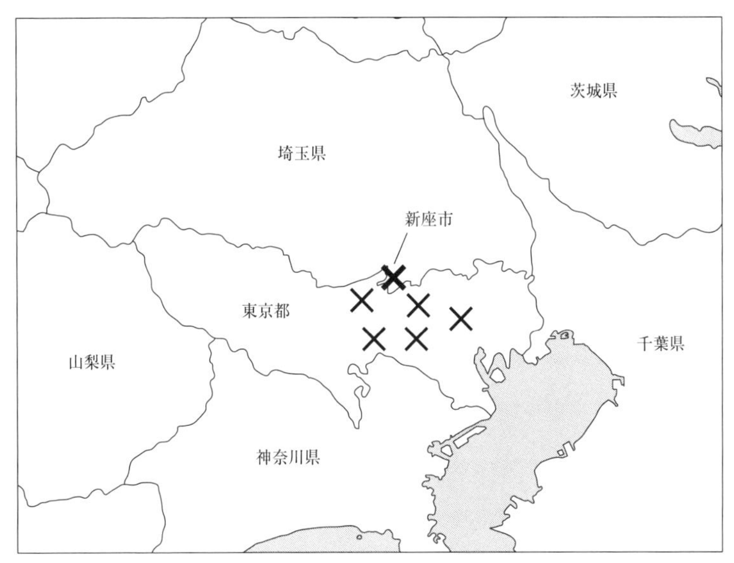

図6：東京を襲った大規模停電

（12）日本共産党は今も破壊活動防止法の監視対象

集会での勧誘には要注意。芸能人・文化人を利用する日本共産党の手口。日本共産党の最大の資金源は「赤旗」。「赤旗」の購読で監視対象になることも。

暴力革命を放棄していない日本共産党

昭和25（1950）年1月から昭和30年7月までの約5年半、日本共産党はスターリンの軍事方針に基づき、在日アメリカ軍基地の襲撃や、交番に火炎瓶を投げ込んで警察官を殺害する事件などを引き起こした。昭和27年5月に起きた「血のメーデー事件」でも、デモ隊の中心的役割を担っていた。また、「トラック部隊」と称して中小企業を相手に、多種多様な方法で企業の乗っ取りや、計画倒産などを行って、当時の金額で数億円を強奪し、日本共産党の活動資金に流用した。そして、現在の日本共産党の「綱領」も暴力革命を完全には放棄（ほうき）していない。

破壊活動防止法の対象団体

昭和27年に制定された破壊活動防止法（以下、破防法）では、団体の活動として暴力的破壊活動を行った団体に対する必要な規制措置（そち）を定めるとともに、暴力主義的破壊活動に関する刑罰規定を補整し、もって、公共の安全の確保に寄与することを目的とする（第1条）としている。

平成11（1999）年12月2日に開かれた参議院法務委員会において、公安調査庁の木藤繁夫長官は、明確に日本共産党を破防法の「調査対象団体」と答弁した。答弁内容は次の通りである。

「日本共産党は、昭和26年から昭和28年ころにかけまして、全国各地で暴力主義的破壊活動を行った疑いのある団体でございまして、将来暴力主義的破壊活動を行う危険性が現時点で完全に除去されているとは認めがたいことから、引き続き調査を行う必要があると考えているものでございます」

この答弁からも分かるように、公安調査庁及び警察は、現在も日本共産党の活動には目を光らせているのである。つまり、日本共産党が暴力主義的破壊活動である内乱罪、外患誘致・外患援助にあたる行為やその教唆をする可能性が十分にあるからだ。

安全保障関連法案反対の集会・デモを主導

安全保障関連法案（以下・安保法案）に反対する若者組織として、マスコミがチヤホヤしたのが、「SEALDs自由と民主主義のための学生緊急行動」という組織がある。

朝日新聞は、天声人語や記事の中でもたびたび彼らを取り上げ、「若者が声をあげている」と紹介していたが、その正体は、日本共産党が主導する組織そのものだった。
　その証拠に、日本共産党のホームページ上には「SEALDs」が実施する安保法案に反対する集会・デモの予定が掲載されていた。その他の団体の集会・デモも掲載しているが、これらはすべて日本共産党系の団体であり、中には中核派の集会・デモまで掲載されていた。

日本共産党の目論み

　日本共産党は、中核派とも連携し、若者組織を隠れ蓑(みの)にしながら、若者たちを日本共産党に取り込み、「安保法案反対」を党勢拡大の手段に利用しようとした。
　さらに言えば、若者を利用して破防法が禁止している暴力主義的破壊活動を起こさせることも考えられる。すでに集会・デモに参加した若者の中には、警察と衝突し公務執行妨害で逮捕された連中もいる。

「赤旗」に登場する人たち芸能人・文化人たち

　数多くの新聞や雑誌、そして政党の機関紙がある中で、あえて「赤旗」に登場する芸能人・文化人は、日本共産党の党員もしくは非公然党員（秘密党員）、シンパである場合が多い。彼らは「赤旗」に登場することを隠すどころか、逆に日本共産党の主張・政策を支持するようなコメントを恥ずかしげもなく連発している。
　一方、「赤旗」に登場しても、党員もしくは非公然党員

(秘密党員)、シンパではない有名な映画監督や文化人もいる。例えば、映画「男はつらいよ」の山田洋次監督は、たびたび「赤旗」に登場するが、天皇陛下からの「文化勲章」の授与を断らなかった。党員もしくは非公然党員（秘密党員)、シンパならば、当然、授与を断ったはずだ。

日本共産党側から接触し、「赤旗」に登場させることで、あたかも彼らが日本共産党を支持しているかのような姿を世間に示すために利用されているのである。

安倍晋三首相の政策に反対の立場をとる自民党の古賀誠元幹事長や、衆議院議長を務めた河野洋平なども「赤旗」に登場させ、安倍政権に揺さぶりをかけたりもした。

安保法案の反対運動で浮かび上がった実態

安保法案をめぐる審議の最中、国会の内外では法案に反対する人たちの姿を多くのマスコミが連日伝えていた。

安保法案に反対する日本共産党の別動隊である若者組織「SEALDs」の集会には多くの文化人・芸能人が参加した。映画監督の宮崎駿、作家の瀬戸内寂聴、大江健三郎、室井佑月、高村薫、若手俳優の須賀健太、女優の渡辺えり、歌手の加藤登紀子、漫画家のちばてつや、やくみつる、漫才師の笑福亭鶴瓶などが、次々と「赤旗」紙上で、安保法案反対を表明していた。作曲家の坂本龍一、脳科学者の茂木健一郎、俳優の石田純一などは「SEALDs」の集会に参加し、安保法案反対を唱えていた。幅広い世代に人

日本共産党は今も破壊活動防止法の監視対象

気のある国民的女優の１人である吉永小百合などは、TBSの報道特番に出演した際、安保法案＝「戦争法案」のコメントを発していた。彼女は安保法案以外のテーマでも、日本共産党の主張を支持するような発言をしたことがある。

それに対して、安保法案に賛成、消極的賛成の人は、意図的に番組に登場する時間も短く、マスコミでコメントが紹介される機会も少なかった。番組の中で正々堂々と安保法案の必要について発言していたのは、一部の安全保障の専門家やダウンタウンの松本人志ぐらいだ。マスコミの中には、日本共産党を側面から応援するかのような番組（例えば、TBS「報道特集」での安保法案や沖縄の基地問題の取り上げ方）もある。

文化人、芸能人、そして「市民」を名乗る活動家を多数動員し、メディアとスクラムを組んで平和を訴える日本共産党の術中にはまってはならない。

テレビ局や新聞社には、社員の中に一定数の勢力で、日本共産党の党員が今も紛れ込んでいる。また、産経新聞社を除く新聞社の組合が加盟する新聞労連の役員には日本共産党系の組合員が就くことが多いといわれる。

第2章
戦争

平和は、いつの時代でも、いずれの国や地域でも、多くの人々から念願されてきた。「平和とは何か」と尋ねられたとき、人は果たして何と答えるであろうか。多分、「平和とは国家や大規模な人間の集団の間で、戦争やそれに準じる武力行使がない状態」と答えるのが一般的だろう。

戦争や武力行使の様式が時代の変化とともに変わりつつある中で、平和のあり方も同じではない。万一、戦争や武力行使が起きた場合、早期にかつ小規模のうちに終わらせる積極的な努力が必要となる。そのための対策が、適時、適切になされなければ、平和論議は単なる言葉遊びでしかない。

日本で戦争の心配もなく、平和な生活を送ることができるのは、「日本国憲法が平和主義をとっているからです」とか、「日本は、日本国憲法で平和主義をとっていたため、戦争に巻き込まれることなく安全で繁栄した日々をおくることができたのです」等々、これは中学校で使用されている公民教科書の記述の一部である。

いまだに日本では、日本国憲法によって戦争を放棄したと信じている日本人がいるかもしれないが、戦争は日本を放棄していない。つまり、日本人が忘れてならないのは、日本国憲法にも日本の法律にも束縛(そくばく)されていない国や人々を、日本は有事に相手とせざるを得ないということである。

日本が戦争に巻き込まれなかったのは、日本国憲法のおかげではなく、日米同盟と自衛隊の存在により、他国からの直接・間接の攻撃を阻止することができたからだ。

日本では「なまじ軍備を持つと戦争を引き起こす原因になる」などという夢想ともいうべき「平和論」がまかり通っていた時代が長く続いた。

日本の平和論者の多くは、現実の視点を閉ざし、理想の視点だけから平和を希求し、「戦争は悲惨で忌まわしいものであり、排除しなければならない」との論を強調する。戦争の悲惨さは誰もが認識するが、それだけでは戦争を防ぐことができないのが世界の常識だ。

他国から戦争を仕掛けられた場合、何ら抵抗をしなければ、一部の人々の命は救われるだろう。だが結果的には、のちに多くの人々の自由を奪ったことは多くの世界の歴史が証明している。自由がなくてもよい、牢獄の平和、屈辱の下での平和でも、生きてさえいればよいというのであれば、それも国家としての1つの選択かもしれないが、国家の究極的使命は、国家の安全・領土の保全と、国民の生命・財産・人権・自由を守ることである。この使命を軽視する国家は、国の名に値せず、独立国家とはいえない。

「平和は訪れるものではない、自ら勝ち取るものである」という言葉を残したのは、広島に原爆が投下された昭和20（1945）年8月6日に、空襲によって愛媛の実家と母親を失った若き建築家の丹下健三（たんげけんぞう）である。

丹下は戦後、広島平和公園や平和記念資料館の施設を設計したが、その施設の設計思想に、ただ平和を祈る場所ではなく、このような悲惨な状況を何としても避けるためには平和は念願するものではなく、勝ち取らなければならないという意志を強く訴えるために平和記念資料館から原爆慰霊碑、平和の塔と原爆ドームを一直線で見通せるように設計したという。丹下のこの想いをどれだけの日本人が知っているのだろうか。

自衛隊だけでは日本を守ることはできない。さらに今後、日本は少子化が進行する中、国防を担う人材を確保することが難しくなってくる。

日本では「徴兵制」という言葉を口にするだけで、右翼というレッテルを貼られるが、ヨーロッパではロシアの脅威（ハイブリッド攻撃等）に備えて、徴兵制を復活した国や、徴兵制を検討している国がある。

日本は中国や北朝鮮の軍事的な脅威に晒(さら)され、ロシアは北方領土に展開する部隊の強化を図っている。日本も形態はどうであれ、「国防は国民の義務である」という視点から、国民１人ひとりが日本の国防の将来を真剣に考える時期にきている。

(1) 有事法制と国民保護

平和ボケ日本の中で、ようやく成立した有事法制。

(1) 有事法制成立までの流れ

日本において、（極秘に）有事法制の研究がスタートしたのは、防衛庁統合幕僚会議事務局が昭和38（1963）年2月〜6月に図上演習で、「朝鮮半島の有事が日本に波及する事態を想定」、「自衛隊の運用や必要な手続き」などを非公式に研究した「三矢研究」が最初であった。

2年後の昭和40年2月の衆議院予算委員会において、社会党の岡田春夫（おかだはるお）議員が「三矢研究」を取り上げ、国会で政治問題化した。社会党などの野党は「国家総動員体制を目指し、戦争準備を進めるものだ」「自衛隊制服組の独走だ」と批判した。

防衛庁の正式な有事法制研究は昭和52年8月、福田赳夫（ふくだたけお）首相の了承を得て、三原朝雄（みはらあさお）防衛庁長官の指示でスタートした。「戦争準備」ではないことを示すため、「近い将来の国会提出を予定した立法準備ではない」「徴兵制や戒厳令はとらない」などの前提を設け、結果は公表すると約束して、作業が始まった。

昭和53年7月には、栗栖弘臣（くりすひろおみ）防衛庁統合幕僚会議議長が「現在の自衛隊法は不備な面が多いため、いざというとき、自衛隊が超法規的行動に出ることはあり得る」と記者会見で発言。栗栖統幕議長の発言をもっと分かりやすくいうと「現行の自衛隊法には穴があり、奇襲・侵略を受けた場合、首相の防衛出動命令が出るまで動けない。第一線部隊指揮官が超法規的行動に出ることはあり得る」との問題提起であったが、この発言に端を発して、金丸信（かねまるしん）防衛庁長官から発言が「不適当」として、解任されるという事件が起こった。

しかも、一部のマスコミや社会党などの野党は、栗栖統幕議長を「文民統制に反する」「戦前回帰だ」などと激しく批判を展開した。

昭和52年にスタートした有事法制の研究も、その後、作業が進められ防衛庁設置法や自衛隊法など防衛庁所管の法令を「第1分類」、通信・連絡など防衛庁以外の省庁が所管する法令を「第2分類」、住民の避難など、所管官庁がはっきりしない事項についての法令を「第3分類」に分け、第1、第2分類については昭和59年までに課題が整理され、公表された。

平成12（2000）年3月16日になると、自民・自由・公明の与党3党が、有事法制の検討を開始するよう政府に申し入れを行う。

平成14年4月16日、政府は有事関連3法案の閣議決定を行ったが、この年の通常国会・臨時国会では有事関連3法案は継続審議となった。

そして、ようやく与党と民主党の修正協議がまとまり、有事関連3法案が平成15年6月13日に成立した。法案は武力攻撃事態法案と、安全保障会議設置法及び自衛隊法の改正案から構成されている。

武力攻撃事態法案は、当初は「武力攻撃が発生した事態」「武力攻撃の恐れがある事態」「事態が緊迫し、武力攻撃が予測されるに至った事態」の3類型を規定していたが、これを2類型に修正し簡素化した。武力攻撃事態に至った際には、政府は自衛隊の活動や住民の生命、財産を保護するための措置（そち）などに関する基本方針を閣議決定して対処するが、共同修正案は、それに加えて対処方針の終了を国会決議できるとの規定を設け、国会の関与を強めている。

さらに「日本国憲法第14、18、19、21条そのほかの基本的人権に関する規定は最大限尊重されなければならない」などの規定も盛り込まれた。首相が自治体や関係機関などに指示や代執行できるとする規定は、国民保護法制が整備されるまで凍結されることになった。安全保障会議設置法改正案は、有事に備えて調査・分析を行う「事態対処専門委員会」を安全保障会議に設置するとした。自衛隊法改正案は防衛出動中の自衛隊が民間の土地・家屋を使用する際の手続きの簡素化などを定めている。

本来、有事法制がなければ自衛隊は超法規的に行動するしかなく、人権侵害の恐れがむしろ強くなり、それでは一人前の法治国家とはいえないのである。

(2) 有事法制と有事対応の段階

日本政府

「日本に弾道ミサイルなどが飛んできた」場合、「日本に向けて弾道ミサイル発射の準備を進めている」との情報が入った場合、首相が「武力攻撃が予測されるに至った事態」と判断した場合には、安全保障会議が招集される。安全保障会議では、「武力攻撃事態」と認定した根拠や、それが「有事」なのか。それに対して自衛隊や地方自治体がどう対応するかを話し合い、閣議で「対処基本方針」(＝行動内容）を決定する。「対処基本方針」決定後、首相が防衛出動（待機）命令を出し、自衛隊が動く。「対処基本方針」は国会の承認が必要となる。ただし、時間的余裕がない場合に自衛隊を出動させなければならないときは、国会の事後承認を認めている。

地方自治体

地方自治体は政府の方針に協力しなければならない。具体的には、自衛隊の作戦行動を助け、住民の避難誘導など武力攻撃から国民を保護する役割を担う。都道府県知事は、自衛隊の出動時に、野戦病院として使用する民間病院を管理したり、土地・家屋を使うことができる。自衛隊の作戦行動に支障がある場合には、家屋以外の建物を取り壊したり、家屋を改築することもできる。また、業者に物資の保管を命じたり、直接収用することも認められている。自衛隊がガソリンスタンドに「自衛隊のためにガソリンを保管しておいてください」と頼んだら、保管しておかなければならない。

国民の役割

武力攻撃事態法では、有事の際に国民に求められるのは「協力」となっている。自分の所有物が自衛隊の作戦行動のために必要とされた場合、公用令書が渡され保管を命じられる　拒否したり妨害すれば、6カ月以下の懲役か30万円以下の罰金が科せられる。対象となる物資は、食料・医薬品・燃料など。また、避難住民のために救援物資を保管することも命じられる。有事では、自衛隊の活動が優先され国民の権利が制約される恐れがあるので、基本的人権は最大限に尊重されることになっている。

有事関連7法案

有事関連3法に続いて、平成16（2004）年6月14日に有事関連7法が成立した。

①武力攻撃事態等における国民の保護のための措置を行う（国民保護法）。

②日本政府は国民にアメリカ軍の行動情報を提供する。アメリカ軍が陣地などを築くために、民間の土地や家屋を使用できる（米軍行動関連措置法）。

③港湾や空港などを自衛隊やアメリカ軍、避難民のいず

れかが優先利用できる（特定公共施設利用法）。

④国際人道法の重大な違反行為の処罰（国際人道法違反処罰法）。

⑤武力攻撃事態における外国軍用品等の海上輸送の規制（海上輸送規制法）。

⑥武力攻撃事態における捕虜等の取り扱い（捕虜取扱い法）。

⑦自衛隊がアメリカ軍に物品・役務を提供する際の手続きを規定する（自衛隊法一部改正法）。

有事関連７法と併せて、自衛隊とアメリカ軍との間における後方支援、物品または役務の相互の提供に関する日本とアメリカとの間の協定が改正され、日本が攻撃を受けていない「予測事態」でも、自衛隊がアメリカ軍に弾薬を提供できることになった（改定日米物品役務相互提供協定）。

(2) 国民保護法ってどんな法律？

有事とは？　有事の際は何がどうなる？　有事の前に法律の内容を知っておこう。

法律の正式名称は、「武力攻撃事態等における国民の保護のための措置に関する法律」という。平成16（2004）年6月14日に成立し、同年9月17日に施行された。

武力攻撃事態等において武力攻撃から国民の生命・身体・財産を保護するため、国や地方公共団体等の責務、住民の避難に関する措置、避難住民等の救援に関する措置、武力攻撃災害への対処に関する措置及びその他の国民保護措置等に関し必要な事項を定めている。

武力攻撃事態等に備えてあらかじめ政府が定める国民の保護に関する基本指針、地方公共団体が作成する国民保護計画及び同計画を審議する国民保護協議会並びに指定公共機関及び指定地方公共機関が作成する国民保護業務計画などについても、この法律において規定している。

内閣官房国民保護ポータルサイト

http://www.kokuminhogo.go.jp/gaiyou/kokuminhogoho.html

(1) 武力攻撃事態

武力攻撃が起きた事態または武力攻撃が起きる明白な危

険が切迫していると認められるに至った事態。

⑵ 武力攻撃

日本に対する外部からの武力攻撃。

⑶ 国民保護計画

政府が定める国民の保護に関する基本指針に基づいて、地方公共団体及び指定行政機関が作成する計画。国民の保護のための措置を行う実施体制、住民の避難や救援などに関する事項、平素において備えておくべき物資や訓練等に関する事項などを定めている。地方公共団体の計画の作成や変更にあたっては、関係機関の代表者等で構成される国民保護協議会に諮問するとともに、都道府県と指定行政機関は首相に、市町村は都道府県知事にそれぞれ協議することになっている。

⑷ 指定公共機関

独立行政法人、日本銀行、日本赤十字社、日本放送協会その他の公共的機関及び電気、ガス、輸送、通信その他の公益的事業を営む法人で、政令及び内閣総理大臣公示で指定されている。

⑸ 指定地方公共機関

都道府県の区域において電気、ガス、輸送、通信、医療その他の公益的事業を営む法人、地方道路公社その他の公共的施設を管理する法人及び地方独立行政法人で、あらかじめ当該法人の意見を聴いて当該都道府県の知事が指定するもの。

(6) 国民保護業務計画

指定公共機関が国民の保護に関する基本指針に、指定地方公共機関が都道府県の国民保護計画にそれぞれ基づいて作成する計画。自らが実施する国民の保護のための措置の内容と実施方法、国民の保護のための措置を実施するための体制に関する事項、関係機関との連携に関する事項などについて定める。業務計画を作成したときは、指定公共機関は首相に、指定地方公共機関は都道府県知事にそれぞれ報告することになっている。

現在の国民保護法は、避難や救援については国民に協力を要請するだけで、応じるかどうかは任意となっている。政府は国民保護法に義務的任務を盛り込むことを真剣に検討するべきである。

(3) 武力攻撃事態等への対応

もしミサイルが飛んできたら。そのときあなたはどう行動する？

①避難指示

政府は、武力攻撃から国民の生命、身体または財産を保護するため緊急の必要があると認めるときは警報を発令して、直ちに都道府県知事に通知。さらに住民の避難が必要なときは、都道府県知事に対して、住民の避難措置を講じるように指示することになっている。

都道府県知事は、政府のこれらの動きを受けて、警報の通知や避難の指示を行う。そして、放送や市町村の防災行政無線を通じて、住民に情報が伝達される。

②救援活動

都道府県知事が中心となって、市町村や日本赤十字社と協力して実施する。

- 避難してきた人々に宿泊場所や食料、医薬品などを提供。
- 行方不明になったり、家族と離ればなれになった人たちのための安否情報の収集や提供を行う。

国

警報の発令・通知

武力攻撃事態等の現状と予測
武力攻撃が迫り、又は現に武力攻撃が発生したと認められる地域
住民や公私の団体に対し周知させるべき事項

避難措置の指示

住民の避難が必要な地域
住民の避難先となる地域
住民の避難に関して関係機関が講ずべき措置の概要

都道府県

警報の通知

武力攻撃事態等の現状と予測
武力攻撃が迫り、又は現に武力攻撃が発生したと認められる地域
住民や公私の団体に対し周知させるべき事項

避難の指示

住民の避難が必要な地域
住民の避難先となる地域
主要な避難の経路
避難のための交通手段　　　など

市町村

警報が発令されました。○○地区が攻撃を受けています。落ち着いて行動してください。

避難すべき地域は○○　避難先は××　避難経路は□□　避難方法は△△です
住民のみなさんは市町村の職員の誘導に従い速やかに避難してください

図7：政府、都道府県、市町村の役割

武力攻撃災害への対処

- ダムや発電所などの施設の警備。
- 化学物質などによる汚染の拡大の防止。
- 国民（住民）が危険な場所に入らないよう警戒区域を設定。
- 消火や被災者の救助などの消防活動。

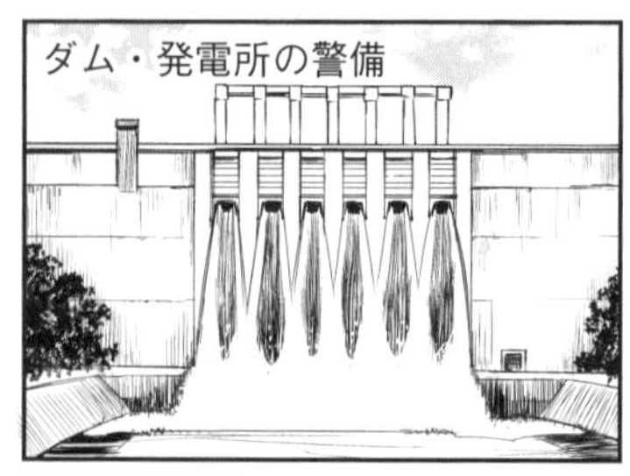
ダム・発電所の警備

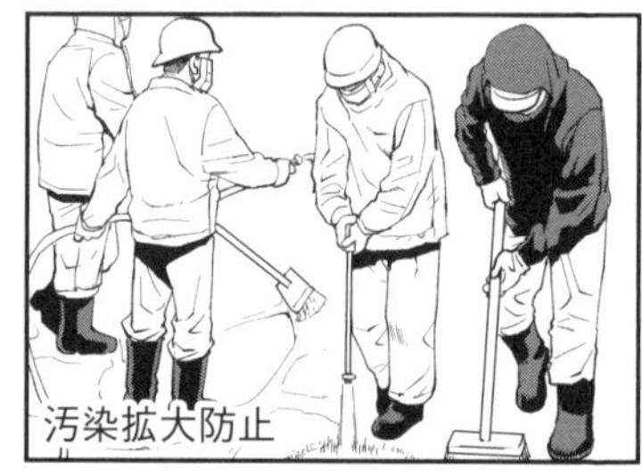
汚染拡大防止

警戒区域設定

消火活動

指定公共機関の役割

・放送事業者（警報などを放送する）。
・電気やガス事業者（供給を途絶（とぜつ）させない）。
・運送事業者（避難住民の運送や緊急物資の輸送を行う）。

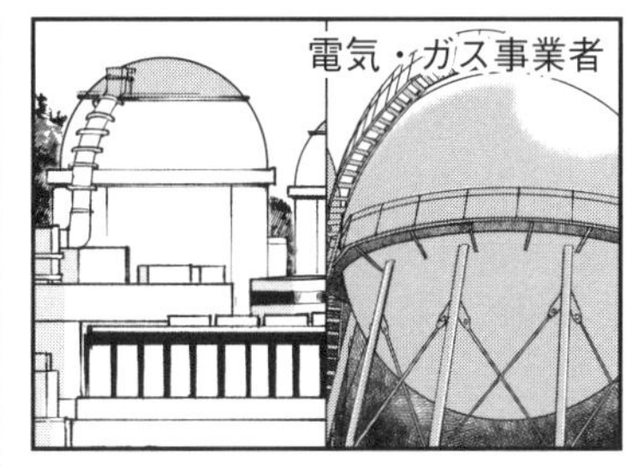

国民（住民）の取り組み

- 住民の避難や被災者の救援の援助。
- 消火活動、負傷者の搬送、被災者の救助などの援助。
- 保健衛生の確保に関する措置の援助。
- 避難に関する訓練への参加。

内閣官房国民保護ポータルサイト

http://www.kokuminhogo.go.jp/gaiyou/shikumi/index.html

(4) 想定される武力攻撃事態の類型

武力攻撃4つのケース、それぞれの内容を把握しよう。

想定される武力攻撃事態は、武力攻撃の手段、その規模の大小、攻撃パターンなどにより異なるため、どのようなものとなるかについては、一概（いちがい）にはいえない。だが、政府は国民保護の観点から次の4つに類型し、留意すべき事項を示している。

①着上陸侵攻の場合

留意すべき事項

- 船舶により上陸する場合は、沿岸部が当初の侵攻目標となりやすい。
- 航空機による場合は、沿岸部に近い空港が攻撃目標となりやすい。
- 国民保護措置を実施すべき地域が広範囲にわたるとともに、期間が比較的長期に及ぶことも想定される。

②弾道ミサイル攻撃の場合

留意すべき事項

- 発射された段階での攻撃目標の特定が極めて困難で、短時間で着弾する。

・弾頭の種類（通常弾頭であるのか、CBRN弾頭であるのか）を着弾前に特定することが困難であり、弾頭の種類に応じて、被害の様相や対応が大きく異なる。

③ゲリラ・特殊部隊による攻撃の場合

留意すべき事項

・突発的に被害が出ることも考えられる。

・被害は比較的狭い範囲に限定されるのが一般的だが、攻撃目標となる施設（原子力事業所などの生活関連等施設など）の種類によっては、大きな被害が生ずる恐れがある。

・CBRN兵器やDirty Bombが使用されることも想定される。

④航空攻撃の場合

留意すべき事項

・弾道ミサイル攻撃の場合に比べ、その兆候を察知することは比較的容易だが、あらかじめ攻撃目標を特定することが困難。

・都市部の主要な施設やライフラインのインフラ施設が目標となることも想定される。

(5) 武力攻撃事態等が起きた場合の避難施設

有事の際の避難先を知らないと生命(いのち)取り。

武力攻撃事態等において、住民の避難及び避難住民等の救援を的確かつ迅速に実施するために、国民保護法では、都道府県知事が国民保護法施行令で定める基準を満たす施設を当該施設の管理者の同意を得て、避難施設としてあらかじめ指定しなければならないと規定している。

そのため、都道府県知事は、区域の人口、都市化の状況防災のための避難場所の指定状況等地域の実情を踏まえ、市町村と連携し、避難施設の指定を行っている。

都道府県避難施設一覧については、毎年定期に都道府県から報告され、随時更新されている。自分が住む地域の避難施設を調べておくことは重要だ。

http://www.kokuminhogo.go.jp/hinan/

避難施設一覧（内閣官房国民保護ポータルサイト）

地図の中の都道府県をクリックすると、各都道府県の避難所が一覧表示。

(6) 安全保障関連法と国民の安全

安全保障関連法（以下・安保法）の施行で何が変わるのか。安保法を「戦争法」と呼ぶ人たちのほうが好戦的な活動をしている。

有事関連3法が平成15（2003）年に成立。平成16年には有事関連7法が成立した。そして、平成27年9月19日に成立した安保法によって、切れ目のない日本の安全保障環境が整いつつある。

安保法について

安保法は、「日本及び国際社会の平和及び安全の確保に資するための自衛隊法等の一部を改正する法律（通称：平和安全法制整備法）」と「国際平和共同対処事態に際して日本が実施する諸外国の軍隊等に対する協力支援活動等に関する法律（通称：国際平和支援法）」の2法から構成されている。

安保法の成立により、日本の平和及び安全の確保のために、グレーゾーンから重要影響事態、存立危機事態、武力攻撃事態まで、自衛隊が事態の段階に応じた対処ができるような体制となった。

武力攻撃事態に限定していた自衛隊の武力行使を、日本への直接の武力攻撃でない存立危機事態でも認めるため、他国防衛それ自体を目的としたものにならないよう「新3要件」を設けている。

・重要影響事態

安保法の成立により、周辺事態安全確保法（通称：周辺事態法）が重要影響事態安全確保法（通称：重要影響事態法）に改正された。

重要影響事態は明瞭な地理的区分に基づいた概念ではなく、その情勢の性質に基づいたものである。したがって重要影響事態は日本の平和と安全に重大な影響を与える実力行使を伴う武力紛争が生じる情勢だと定義できる。つまり、重要影響事態には外敵による大規模な直接侵略だけではなく、工作員によるテロリズム、間接侵略など様々な日本に重要な影響を与える事態が想定されている。

・存立危機事態

集団的自衛権を使う際の前提になる3つの条件（武力行使の新3要件）の1つで、「日本と密接な関係にある他国に対する武力攻撃が起きた場合に、これにより日本の存立が脅かされ、国民の生命、自由及び幸福追求の権利が根底から覆される明白な危険がある事態」。他の前提条件としては、「国民を守るために他に適当な手段がない」「必要最小限度の実力行使にとどまる」ことがある（事態対処法に規定された)。

武力攻撃事態

参照：(4) 想定される武力攻撃事態の類型

・新3要件

事態対処法（武力攻撃事態法を改正・改称）は、日本が直接武力攻撃を受けた場合（武力攻撃事態）だけではなく、「日本と密接な関係にある他国に対する武力攻撃が起きた場合に、これにより日本の存立が脅かされ、国民の生命、自由及び幸福追求の権利が根底から覆される明白な危険がある事態」と存立危機事態を定義。この①存立危機事態に加え、②存立危機事態を排除し、日本の存立をまっとうし、国民を守るために他に適当な手段がないこと、③必要最低限の実力行使にとどまるべきこと、の3つの要件を満たす場合に限り、自衛隊の防衛出動を可能とした。さらに自衛隊法、重要影響事態法、アメリカ軍等行動関連措置法、海上輸送規制法、捕虜取扱い法なども改正。存立危機事態を想定し、平時からアメリカ軍などを守る「武器等防護」や、他国軍への弾薬補給や給油などの後方支援を世界中で可能とした。

安保法は戦争法なのか

安保法案が国会で審議されている中、安保法案に反対するデモ隊が国会周辺を取り囲んでいた。デモには連日、安保法を戦争法と主張する野党の国会議員や、若者組織の「SEALDs」をはじめとする左翼市民団体などが参加していた。

彼らの主張は、安保法により、「日本が戦争に巻き込まれる」「子供たちが戦場に送られる」というもの。この主張は湾岸戦争のときに、「国際連合平和維持活動等に対する協力に関する法律（PKO協力法）」が国会で審議されていたときにも繰り返された主張だ。PKO協力法が成立しても、彼らの心配していたようなことは起こらなかった。当然、安保法が成立しても、私たちの生活に影響は出ていない。

また、マスコミの多くが、デモの中心は「SEALDs」などの学生や若者だと報道していたが、実際にデモに参加していた人たちは、中高年以上が中心であり、日本のマスコミに巣食う日本の弱体化を目論む反日勢力による世論操作そのものだった。

安保法に反対し、安保法を戦争法と声高に主張する集団に限って、暴力的で過激な行動をしている光景をたびたび見る。安保法に反対している人たちのほうが好戦的なのだ。

(7) 邦人保護と自衛隊

海外にいる邦人が戦争や紛争に巻き込まれた場合に、自衛隊はどう動く。

自衛隊と外務省が邦人退避訓練を実施

治安が悪化した外国に取り残された邦人などを自衛隊機で国外に輸送し、その安全を図る「平成29年度在外邦人等保護措置訓練」が平成29（2017）年12月11日から15日まで、陸上自衛隊相馬原演習場と航空自衛隊入間基地で実施された。自衛隊は他国軍との演習も生かして邦人保護訓練を平成28年から国内外で重ねている、今回で4回目となる訓練だ（平成30〈2018〉年6月11日時点）。

訓練には陸自から西部方面隊、中央即応集団、警務隊など約260人と車両約20両、CH47輸送ヘリコプター1機、空自から航空総隊、航空支援集団、航空教育集団、航空警務隊、補給本部などの隊員約130人とC130H輸送機1機が参加。このほかに、内閣官房、外務省からも職員が加わった。

このうち入間基地では、「仮想国」の飛行場の一角に自衛隊の統合任務部隊「目的地派遣群」の指揮所が設置され、隊員は相馬原演習場に設置された「一時集合所」（仮想国の日本人学校、日系ホテルなどを想定）に退避していた邦人を陸自の輸送防護車「MRAP」に乗せ、飛行場に輸送するまでを車載カメラから送られてくる映像を見ながら指揮した。

邦人を乗せたMRAPが飛行場に到着後、隊員が搭乗前のセキュリティーチェックを実施し、続いて外務省職員らが出国審査を行った。

搭乗時間になると隊員が警護しながら邦人等をC130HとCH47に誘導させ、両機がそれぞれ発進したところで訓練は終了した。

平成30年2月に行われたアメリカ・タイ共催の多国間合同軍事演習「コブラゴールド18」に参加した自衛隊は、タイ中部のウタパオ海軍航空基地で「在外邦人保護等措置訓練」を実施した。

訓練には自衛隊員約100人、外務省職員約40人、在外邦人約60人らが参加。自衛隊員が暴徒を排除しながら在外邦人らを警護し、空港まで輸送後、自衛隊とアメリカ軍の輸送機に誘導。輸送機が実際に離陸するところまでの動きをアメリカ軍などと調整しながら確認した。訓練で邦人がアメリカ軍輸送機に搭乗したのは初めてだ。

現行の自衛隊法の問題点

自衛隊が邦人を退避させる場合の法的根拠となるのが自衛隊法である。自衛隊法第84条の4（在外邦人等の輸送）と、平成27年に安全保障関連法の一貫として実施された自衛隊法改正により、従来の「在外邦人等の輸送」に加えて、「在外邦人等の保護措置」（第84条の3）が新設された。

ただし、前者の第84条の4は、安全が確認された場合のみ、自衛隊の輸送機や艦船を外国（海外）に派遣し、邦人輸送をすることができるとなっている。隊員による危害射撃も、正当防衛、緊急避難の場合に限定されている。

また、後者の第84条の3では、自衛隊が邦人退避のために外国へ行って活動するための3つの条件が必要とされている。

①当該外国の権限ある当局（警察など）が、現に公共の安全と秩序の維持に当たっており、かつ、戦闘行為が行われていないことが認められること。②自衛隊が当該保護措置（邦人退避）を行うことについて、当該外国の同意があること。③当該外国の権限ある当局との連携及び協力が確保されると見込まれること。

以上のような条件の下で、果たして自衛隊は邦人退避を行えるのか。「戦闘行為が行われていないことが認められること」という条件が足かせとなって、自衛隊を派遣することすらできなくなる。

自衛隊法を見直さない限り、自衛隊は本来の能力を発揮することなく、宝の持ち腐れとなるだけだ。

過去の失敗を繰り返さないために

自衛隊を派遣できないとなれば、民間の航空機や船舶を使用せざるを得なくなる。その場合、日本政府は航空会社や船会社に危険覚悟での派遣を要請することができるのだろうか。乗員組合が運航を拒否した場合、民間の航空機も船舶も派遣は不可能に近い。

同じような事態は過去にもあった。イラン・イラク戦争開始から5年後の1985年、イラクのフセイン大統領は「3月19日20時以降、イラン領空を飛ぶ全航空機を攻撃対象にする」との声明を出した。

これによって、イラン国内にいた外国人らは、自国の軍用輸送機や民間機で次々とイランから脱出していった。各国の航空会社は、まずは自国民優先ということで、正規の航空券を持っていても自分の予約した航空機に乗れない日本人もいた。

日本は当時、自衛隊の海外派遣が認められていなかったため、自衛隊機をイランまで飛ばすことができなかった。日本航空も「危険なところに組合員を送るわけにはいかない」という乗員組合の反対が最初にあり、調整に時間を要した。そして、日本からイランに救援機が飛ぶことはなく、日本人215人はイランに取り残された。

しかし、このとき、トルコ政府の決断により、撃墜予告の時間が迫る中、日本人215人はトルコ航空機に乗り、無事にイランから脱出することができた。撃墜予告のタイムリミットの約1時間前だった。

今後も「イラン邦人救出劇」と同じような対応をしてく

れる国が果たしてあるだろうか。

日本人が海外で活躍すればするほど、様々な戦争や紛争に巻き込まれる可能性が高まる。そのときにアメリカ軍をはじめ外国の軍隊に助けてもらうのではなく、自衛隊が主体的に動ける体制を作ることが、日本が国際社会から信頼されることにも繋(つな)がる。

日本航空の名誉のために申し上げれば、日本航空はイランへ救援機を飛ばす準備は終わっていた。救援機を飛ばすことができなかったのは、日本政府の決断が遅れたからである。

(8) 日本国憲法と国家意識

多くの日本人が誤解している日本国憲法の「平和主義条項」とは。

世界で唯一の平和憲法なのか

日本国憲法の第9条は、これまでも日本国憲法の条文の中で最も議論となったところであり、自衛隊の合憲論、違憲論の論争は、まさに憲法論議の中核であった。そして、一般に第9条こそが世界に誇れる平和追求の条文であり、世界に冠たる唯一の平和主義条項であると多くの日本人は教えられ、信じられてきた。

しかし、成文法で戦争放棄を規定する考えは、外国の憲法にも多数存在する。駒沢大学の西修（にしおさむ）名誉教授の調査によると「世界の181の国々の現行成典憲法を調査したところ、なんと149カ国の憲法に平和主義条項が導入されている。これを1990年以降に新しく制定された82カ国の憲法に限ってみると、80カ国の憲法に平和主義条項が取り入れられている」という。

ベルギー、フィリピンのように外国の軍事基地の設置や外国軍隊の通過を許さないことを規定する憲法や、コロンビア、カンボジアのように核兵器（生物・化学兵器を含む）の不保持を明記している憲法など、日本国憲法よりよほど進んだ規定を導入している国もある。

日本にはアメリカ軍が駐留しているし、自衛用の核兵器ならば、その保持は可能であるというのが日本政府の憲法解釈である。

さらに注視されるべきは、ハンガリー、アゼルバイジャン、エクアドルでは日本国憲法第9条第1項と同じように「国際紛争を解決する手段としての戦争ないし武力行使」を否定している憲法を持ちながら、いずれも国防・兵役の義務規定を設けている点である。

「国際紛争を解決する手段としての戦争」の否認は、1928年の「不戦条約」に由来する。同規定は侵略戦争を否定するものの、自衛力の行使は容認していると解釈された。この解釈は国際合意といえる。

国防を否定する憲法

第9条第1項の平和主義条項（戦争放棄）は、日本国憲法の専売特許ではなく、ごく普通の規定である。第9条は不戦条約とほとんど同じあり、世界の主要な国々はほとんど同じ規定の下に拘束されている。

ところが、日本では平和主義憲法であることを理由に、自衛力の行使すら否定する立場の人たちがいる。平和主義憲法がすでにほぼ150カ国に達していることに鑑（かんが）みれば、第9条があるからこそ日本は世界に冠たる平和主義を主張できるという説は、まったく根拠のないことであり、認識不足といわなければならない。

第９条は、第１項「平和主義」と第２項の陸海空３軍の保有を禁止する「戦力の不保持」から構成されている。「戦力の不保持」の規定は、極めて珍しいものであり、主権国家では唯一の規定だ。これがいわゆる自衛隊の合憲・違憲の論争を生み、自衛権の放棄かどうかといった議論を生じさせた原因でもある。

第１項は不戦条約規定と同じであるから、自衛権を放棄させているものではないことは当然である。不戦条約が締結されたときも、自衛のための戦争は認められることになっていた。

第２項の陸海空３軍の保有の禁止は、国防軍の否定だから国防の否定のことであり、国民が国を守る崇高（すうこう）な義務の精神を否定していることになる。

同時に、国防の否定とは日本国が国家として存立することを禁止することと同義である。第２項がある限り、日本は日本国であることを自己否定し続けていくことになり、法的結社である国家（日本）も存在しないことになる。そうなれば国家が存在しないのであるから、本来ならば日本国憲法も存在しないことになる。

また根源的には、自衛権を否定する憲法は、憲法自身を否定する権力に対して自らを守ることを放棄していることを意味している。

憲法が自らを守るのは自然権である。どのような法律によっても個人の正当防衛権を否定できないのと同様に、自衛権は憲法によっても否定することのできない自然権なのである。自衛権が自然権であることは、国連憲章第51条でも明確に規定されており、国際的に広く認められている。

正当防衛権を否定できないように、憲法でも自然権を否定することができないので、第9条もその範囲で解釈されるべきことになる。

国家の定義

「一般に軍隊を持つ行政組織を国家と定義しているのであり、軍隊がなければ定義として国家でなく、何らかの意味で植民地か保護国になる」(猪木正道・元防衛大学校校長)。すなわち、自衛権がないことは、主権が外国にあることを意味している。

昭和26（1951）年の独立後も日本に自衛権がないと解釈するならば、旧日米安全保障条約締結後もアメリカの主権が継続していたことになる。その意味では、旧日米安全保障条約の改定によって、日本は初めて独立したことになる。そして、日本はサンフランシスコ講和条約で個別的・集団的自衛権が認められた時点で、第9条を改正するべきであった。

第2項は普段の私たちの日常生活にたとえるならば、「私は危険人物なので刃物を与えないでください」と自ら言っているようなものであり、主権国家として情けないとしか言いようがない。

(9) 集団的自衛権の意味を正しく知る

日本は集団的自衛権を行使できないのか。自衛権発動の「新3要件」とは。

日本政府の解釈

日本政府は昭和29（1954）年、自衛権に関して次のような見解を明らかにした。

(1) 日本国憲法は自衛権を否定していない。

(2) 日本国憲法は戦争を放棄したが、自衛のための抗争は放棄していない。

①戦争と武力の威嚇（いかく）、武力の行使が放棄されるのは、「国際紛争を解決する手段としては」ということである。

②他国から武力攻撃があった場合に、武力攻撃そのものを阻止（そし）することは、自己防衛そのものであって、国際紛争を解決することとは本質が違う。したがって自衛のための武力を行使することは日本国憲法に違反しない。

このように日本政府は自衛権を肯定し、特に個別的自衛権については自衛隊による武力の行使を認めている。自衛のための武力行使は、日本国憲法に違反しないといっている以上、日本国憲法第9条第1項のみならず第2項にも抵触しないとしているはずである、さらに第2項の「国の交戦権」にも抵触しないとしているはずである。

個別的自衛権については、第９条に関わらせることなく、第９条に抵触しない自衛権としているのに、集団的自衛権の行使の問題になると、再び第９条を持ち出し、日本政府は「主権国家として国際法上当然有しているとしながらも、憲法上行使は許されない」としている。

日本が集団的自衛権を「保有しているが、行使できない」という解釈をするのであれば、いったいこのような性質の権利とはどのようなものであろうか。例えば、「表現の自由は保有しているが、それを行使することができない」という場合、自分の言いたいことを表現することができず、結局は、表現の自由そのものを保有していないことになる。

日本政府は、主権国家として集団的自衛権の保有を「当然」と考えるならば、解釈上、その行使も「当然」に認められなければならない。それが論理的に一貫する解釈ではないのか。

国連憲章第51条は、「この憲章のいかなる規定も、国際連合加盟国に対して武力攻撃が起きた場合は、安全保障理事会が国際の平和及び安全の維持に必要な措置をとるまでの間、個別的又は集団的自衛の固有の権利を害するものではない」と規定している。集団的自衛権を個別的自衛権とともに、それぞれの国が有する「固有」の権利としているのである。つまり集団的自衛権とは、独力で自国の安全を守れないと考える複数の国が協力して、「自分たちを守る」権利として国連憲章がその正当性を認めたものである。したがって、その本質はあくまでも自衛であって、「他国を守る」のは自衛のための共同行動の１つの側面にすぎないのである。

ところが、日本政府による憲法解釈では、「個別的自衛権はあるが、集団的自衛権は有するが行使できない」としており、これを受けて昭和56年５月29日、社会党の稲葉(いなば)誠一(せいいち)議員の質問主意書に対し、以下のように答弁している。

「国際法上、国家は、集団的自衛権、すなわち、自国と密接な関係にある外国に対する武力攻撃を、自国が直接攻撃されていないにもかかわらず、実力をもって阻止する権利を有しているものとされている。日本が、国際法上、このような集団的自衛権を有していることは、主権国家である以上、当然であるが、憲法第９条の下において許容される自衛権の行使は、日本を防衛するため必要最小限度の範囲にとどまるべきものであると解しており、集団的自衛権を行使することは、その範囲を超えるものであって、憲法上許されないと考えている」

のちに、国会で集団的自衛権の質問が出るたびに、日本政府は実質的にこの内容を繰り返すかたちの答弁に終始してきた。つまり、この短い答弁書は政府答弁の定番となったのである。

日本にも集団的自衛権はある

日本が独立を果たした昭和26年のサンフランシスコ講和条約でも、集団的自衛権は当然存在すると明記している。同条約第５条に「連合国としては、日本国が主権国として国連憲章第51条に掲げる個別的又は集団的自衛の固有の権利を有すること（中略）を承認する」とある。

つまり国家が自衛権行使の態様（たいよう）として、個別的自衛権のみに依拠（いきょ）するか、あるいは集団的自衛権に訴えるか、自国の力だけで防衛するのか、他国と共同して防衛するのかは国家の政策上の選択の問題であって、憲法の解釈上の問題ではない。

国際的には、ある国に対する武力攻撃を、その国と密接な関係にある国に対する武力攻撃と見なし得る場合が、国連憲章第51条の発動要件と考えられているのである。

ところが、日本政府の解釈は、集団的自衛権の公式定義を「自国と密接な関係にある外国に対する武力攻撃を、自国が直接攻撃されていないにもかかわらず、実力をもって阻止する権利」とし、日本政府の解釈は、「ある国に対する武力攻撃を、その国と密接な関係にある国に対する武力攻撃とみなしうる場合」というこの部分をすっぽり外（はず）し、他の条件「自国が攻撃されていないにもかかわらず」を加えたのである。

それに「自衛権の行使は、日本を防衛するため必要最小限度の範囲にとどめるべきものであると解しており、集団的自衛権を行使することは、その範囲を超えるものであって、憲法上許されない」と解釈しているが、この「必要最小限度」とは法律論というよりは政策論であり、そもそも何が必要で何が最小限度であるかは、結局その時々の政府の「政策判断」に任(まか)せるほかないはずだ。

日本政府は、1国のみの特有の欺瞞(ぎまん)的な解釈に固執(こしつ)せず、確立された国際慣習法と国際法の一般諸原則に従い集団的自衛権の行使は可能であるという解釈に改めるべきであり、さもなければ、第9条を見直し集団的自衛権の行使を明記すべきである。

新3要件で何が変わったのか

以上述べてきたように、日本政府は一貫して集団的自衛権の行使を認めてこなかった。だが、安倍晋三政権は平成26（2014）年7月1日に、以下のような閣議決定「国の存立をまっとうし、国民を守るために切れ目ない安全保障法制の整備について」を行った。

> 日本に対する武力攻撃が起きた場合のみならず、日本と密接な関係にある他国に対する武力攻撃が起き、これにより日本の存立が脅かされ、国民の生命、自由及び幸福追求の権利が根底から覆される明白な危険がある場合において、それを排除し、日本の存立をまっとうし、国民を守るために他の適当な手段がないときに、必要最小限の実力を行使

することは、従来の政府見解の基本的な論理に基づく自衛のための措置として、憲法上許容されると考えるべきである。

　これを受けて、新たな自衛の措置としての「武力の行使」の「新3要件」が示され、「新3要件」を満たす場合に、限定的な集団的自衛権の行使が認められるとした。ただし、これまでと同様に、原則として事前の国会承認を得ることになっている。

自衛権発動の新3要件

①武力攻撃に至らない侵害への対処
②国際社会の平和と安定への一層の貢献
③憲法第9条の下で許容される自衛の措置

（10）在日アメリカ軍基地と抑止力

日本全国に点在する在日アメリカ軍基地の数はどれだけ？　在日アメリカ軍基地はアメリカにとっての軍事戦略上の要なのだ。

日本列島を180度回転する

中曽根康弘（なかそねやすひろ）首相は在任中、日本列島を「不沈空母」と発言して物議を醸（かも）したことがある。日本列島を180度回転させ、ユーラシア大陸を下にして、太平洋を上にして見ると、その意味がよく理解できる。

ロシアは宗谷、津軽、対馬の三海峡を通過しなければ、太平洋に進出できない。中国は南西海域を通過しなければ、太平洋に進出できないことが一目瞭然（いちもくりょうぜん）ではっきりと分かる。

日本が3海峡封鎖や南西海域の海上封鎖を行えば、ロシアや中国は太平洋への出口を失い、身動きがとれなくなる。日本列島はロシアや中国にとって、非常に邪魔な防波堤のような存在なのである。

日本と同盟関係にあるアメリカは、日本列島をロシア・中国・北朝鮮に睨（にら）みを利かす重要な「戦略列島」と位置づけている。

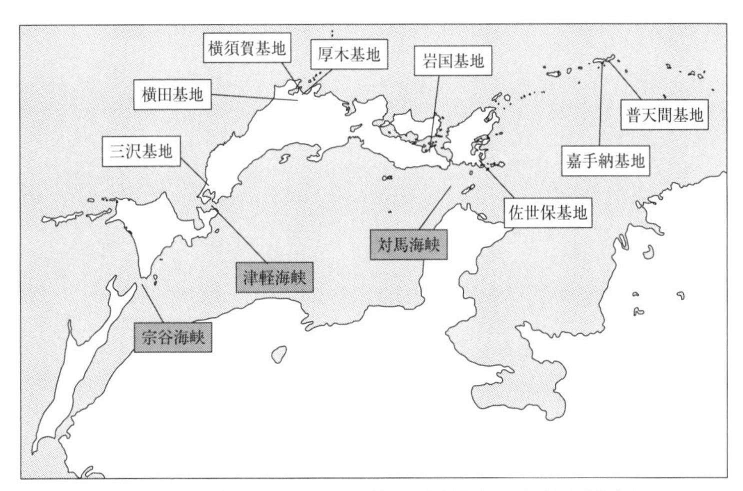

図8：主な在日アメリカ軍基地（大陸側から見た場合）

日米安保条約と在日アメリカ軍基地（施設・区域）

日米安全保障条約には、第5条で「アメリカは日本の防衛義務を負うが、日本にはアメリカの防衛義務はない」。第6条で「日本は、日本の安全と極東の平和と安全の維持のため、アメリカ軍に基地提供の義務を負う」と明記されている。

在日アメリカ軍基地（施設・区域）の存在は、日本人であれば誰もが知っている。だが、具体的な配備部隊の役割や規模についての知識は乏（とぼ）しい。

現在、北は北海道から南は沖縄まで日本全国128カ所に在日アメリカ軍基地（自衛隊との共用使用も含む）がある。

（平成30〈2018〉年1月1日時点）

基地の役割

青森県の三沢基地は冷戦下、ソ連軍に対抗する極東方面の最前線基地だった。冷戦終結によって、アメリカとロシアの間の軍事的緊張は劇的に減少したが、現在も対露抑止力として大きな空軍力を配備している。三沢からは北朝鮮への直接攻撃も可能なため、対北朝鮮という観点からも重要な基地だ。

東京都の横田基地には在日アメリカ軍司令部が置かれ、極東における輸送ターミナル基地として重要な役割を担っている。平成19年には、座間基地に置かれていた国連軍後方司令部が横田基地に移転。同司令部は、国際法上は現在も休戦中の朝鮮半島で、いまだ韓国のソウルに存続する国連軍司令部の後方拠点として位置づけられている。

神奈川県の横須賀基地は、西太平洋からインド洋までを作戦海域とする第七艦隊の本拠地で、同艦隊の司令部を艦内に持つ旗艦「ブルーリッジ」と、唯一の海外常駐となる空母「ジョージ・ワシントン」の母港。厚木基地は第7艦隊の空母艦載機の地上基地となっている。

広島県には極東エリア最大のアメリカ軍弾薬備蓄施設がある。東広島市の川上弾薬庫、江田島市の秋月弾薬庫、呉市の広弾薬庫はすべて陸軍が管理し、陸海空自衛隊の保有弾薬数を上回る規模の備蓄量がある。

山口県の岩国基地は、海兵隊最大の戦闘攻撃機部隊の出撃拠点となっている。

長崎県の佐世保基地は、朝鮮半島を睨む海軍の前方兵站（ロジステック）基地と位置づけられ、地球の半分の地域（ハワイからアフリカ最南端の喜望峰まで）をカバーできる海軍の陸上弾薬庫も併設している。

海軍が管理する3カ所の燃料貯蔵施設（八戸、横浜、佐世保）は、国防総省最大のオイルターミナルを形成している。

沖縄県の嘉手納基地は太平洋地域で最大の空軍基地で、「太平洋の要石」と呼ばれている。東京、北京、ソウルに2時間以内に到着でき、ロシア中央部やインドへも5時間以内という地理的環境にある。冷戦下から現在まで日米同盟の枠を超えて、アメリカのアジア地域での国益確保という大きな意味を持つ存在だ。

その他に、海兵隊の中枢司令部（キャンプ・コートニー）、海兵隊実戦部隊（キャンプ・ハンセン）、海兵隊ヘリ部隊（普天間基地）、陸軍特殊部隊グリーンベレーが常駐しているトリイ・ステーションなどが沖縄県に置かれている。グリーンベレーはアジア・中東にかけてのありとあらゆる地域に出動し、内戦への介入や破壊工作、特殊潜入及び偵察、テロ及びテロリストへの対処を任務とする。

また、トリイ・ステーションには、電子諜報部隊、暗号部隊、犯罪調査部隊などが駐留しており、いわゆる「ゾウの檻」として有名なアメリカ陸軍楚辺通信所で収集した電波情報や、キャンプ・フォスター隣接のフォートバックナー陸軍通信基地内の施設で受信される偵察衛星のデータが自動的に集積され、情報の処理・分析、暗号作戦の実施を行っている。アメリカ軍の極東地域における軍事情報戦略の要といえる施設だ。

海兵隊は、予備役を除けば、第1から第3まで3つの「海兵遠征軍」で編成されている。第1と第2はアメリカ本土に配備されている。第3だけが常時、アメリカ本土以外の海外に展開し、唯一の有事即応部隊となっており、キャンプ・コートニーには第3海兵遠征軍の司令部が置かれている。

中曽根首相が発言した「不沈空母」の意味は、日本列島の地政学的特性と、在日アメリカ軍の位置づけを考えれば、当然の発言だろう。日本の安全保障は在日アメリカ軍基地と自衛隊との両輪なのである。

軍備があると戦争になるという考え方は、極めて危険であると心得よう。

(11) 自衛隊の人材確保の不安

このままでは自衛隊は活動できなくなる。民間企業と自衛隊との関係は？

自衛隊員募集と少子化問題

自衛隊の実力が遺憾（いかん）なく発揮されたのが、平成23(2011) 年3月11日に起きた東北地方太平洋沖地震（東日本大震災）だ。人員約10万7000人（陸上自衛隊約7万人、海上自衛隊約1万5000人、航空自衛隊約2万1600人、福島第1原発対処約500人）を動員。予備自衛官も初めて招集された。航空機約540基、艦艇59隻が派遣された。災害派遣としては最大規模のオペレーションだった。

活動実績は、人命救助1万928人、遺体収容は9487体。物資など輸送は約1万1500トン、医療チーム等の輸送は1万8310人、患者輸送175人。給水支援が約3万2820トン、給食支援が約447万7440食。入浴支援は約85万4980人、衛生など支援は約2万3370人にのぼった。

自衛隊の活動する姿は、東北の被災地の人たちだけでなく、日本全国から高い信頼を得たことは記憶に新しい。国民の多くが災害時の自衛隊の活動に期待していることは、世論調査の結果などからも明らかだ。東日本大震災後も、日本国内では災害が後を絶たない。そのたびに自衛隊は出動している。

だが、今後起こることが予想されている南海トラフ巨大地震などの広域災害の場合、陸海空自衛隊約23万人だけで対応できるかは甚だ疑問だ。それに加え、少子化の中で、新隊員の募集状況も悪化している。

今後、少子化は自衛隊においても、新隊員を確保するうえで、深刻な問題となってくるだろう。現状でも、充足率を下回っている部隊や艦艇が数多くある。安定的に新隊員を確保できなくなれば、自衛隊は機能麻痺状態となる。

さらにいえば、自衛隊の装備品がどんなにハイテク化したとしても、操作する人がいなければ、ただの高価なガラクタと同じである。

誤解を恐れずに申し上げれば、戦前は、富裕層（財閥など）や地方の名家（豪農など）の子弟は軍隊にほとんど入っていない。陸軍士官学校や海軍兵学校への入学者もしかりだ。戦後も、自衛隊への入隊や防衛大学校への入学者のほとんどが、庶民の家庭の子弟だ。戦前も戦後も、日本の国防を担っているのは、庶民層の出身者なのである。

国防も、災害派遣も、国際貢献も、自衛隊は人がすべてであり、少子化は自衛隊にとっても、死活問題なのだ。

民間企業が支える予備自衛官等制度

諸外国では普段から、いざというときに必要となる防衛力を急速かつ計画的に確保するため予備役制度を設けている。

自衛隊も、予備役制度に相当するものとして、予備自衛官制度、即応予備自衛官制度、予備自衛官補制度という３つの制度（以後、予備自衛官等制度）を設けている。

予備自衛官、即応予備自衛官、予備自衛官補は、それぞれ普段は社会人や学生としての生活を送りながら、自衛官として必要とされる練度を維持するために訓練に参加しなければならない。

予備自衛官の役割は、第一線部隊が出動した際の駐屯地の警備や、通訳・補給などの後方支援の任務等に就く。応招義務は、防衛招集・国民保護等招集・災害等招集・訓練招集がある。即応予備自衛官の役割は、第一線部隊の一員として、現職自衛官とともに任務に就く。応招義務は、防衛招集・国民保護等招集・治安招集・災害等招集・訓練招集などがある。

予備自衛官補の役割は、予備自衛官補の期間は教育訓練のみを行い、教育訓練修了後に予備自衛官として任用される。応招義務は教育訓練招集だけだ。

予備自衛官制度の歴史は、昭和29（1954）年の自衛隊発足と同時に始まる。平成９年に、予備自衛官制度に加え、予備自衛官よりも即応性の高い即応予備自衛官制度が導入された。平成13年からは、国民に広く自衛隊に接する機会を設け、将来にわたり予備自衛官の数を安定的に確保するため、民間の専門技能を活用し得るよう予備自衛官補制度も導入されている。
　東日本大震災では、招集された即応予備自衛官は、陸上自衛隊部隊の隊員として、主に被災地の岩手県・宮城県・福島県の沿岸地域に派遣され、給水支援や入浴支援、物資輸送などの被災者に対する生活支援活動や、捜索活動等にあたった。予備自衛官は、救援活動を実施している米軍の通訳、医療、部隊の活動を支援している駐屯地業務隊の業務などに従事した。
　実際の招集の内訳は、予備自衛官等が所属する民間企業などの勤務を休んで参加することを考慮して、1週間から2週間を単位として、即応予備自衛官は延べ2179人が、予備自衛官は延べ441人が招集された。
　予備自衛官制度が導入されて、60年以上が過ぎた。この制度は、民間企業の協力と理解がなければ存続させることは難しい。予備自衛官等を雇用している民間企業も、日本の防衛に一役買っているのである。

(12) 永住外国人参政権問題

「永住外国人への参政権付与」は、国家主権の侵害につながる。日本が有事のときに、永住外国人は日本人と一緒に銃を持って戦えるのか。

(1) 国家の根幹に関わる永住外国人参政権

現在、日本永住の外国人は、韓国・朝鮮籍を中心に鳥取県の人口とほぼ同じ約63万人にのぼる。そして、在日韓国・朝鮮人は平成3（1991）年の特別永住者制度の導入で、参政権を除き、社会保障、行政サービスすべての面で日本人と同じ権利が保障されている。

もちろん地域でともに暮らす外国人の人権や生活を守り、信頼関係を深めるためのよりいっそうの取り組みが必要なことはいうまでもない。永住外国人の要望を、地域の行政や国政に反映させる仕組みを作ることも急がれる。しかし、こうした外国人の人権・生活保障と「参政権」はまったく次元の違う問題である。

(2) 世界から見た永住外国人の参政権問題

いくつかの永住外国人への「参政権」付与の問題点を指摘しておきたい。

①「納税義務を果たしている永住外国人に、地方参政権

を与えるのは当然」

日本では納税の有無や多寡に関わりなく、すべての成人男女に等しく選挙権を付与する選挙制度である。もし、納税の有無ということであれば、現在の選挙制度は否定され、学生や低所得者で納税をしていない人には選挙権は与えられないことになる。納税はその国や地域での経済活動の対価であり、行政サービスを受けることの代償である。「参政権がないから税金を免除する」という国はどこにもない。

②「憲法の保障する基本的人権に基づけば参政権もその1つ、外国人も保障されるべき」

国家とは政治的運命共同体であり、国家の運命に責任を持たない外国人に国の舵取りを任せてよいのか。外国人に参政権を付与した場合、本国への忠誠義務と矛盾しないか。日本と本国との間で国益上の対立や衝突が生じた場合どうするのか。参政権は他の人権と違い、単なる権利ではなく、公務（義務）でもあり、いつでも放棄して本国に帰国することが可能な外国人に付与することはできない。多くの国が憲法に国民の義務として「国家への忠誠と国防の義務」を明記しているのもこのためだ。

③「地方行政と国政は別」

地方自治も広い意味では国政の一部で「3割自治」「4割自治」といわれるように国の仕事も多く含まれている。沖縄米軍基地の土地使用に関する知事の代理署名や自衛隊の災害派遣、治安出動に際しての土地使用の要請(ようせい)など、自衛隊に関しては国政と密接な関わりがある。日米防衛協力に関するガイドラインに基づく周辺事態法における自治体の協力の可否、原子力発電所設置の問題は決して地方自治レベルにとどまらない。警察、教育などの問題も同様である。今後、日本国内における外国人増を考えれば、地方議会の選挙権だから外国人に与えてもよいというわけにはいかない。単に地方参政権だけの問題ではなく、いずれ国政の選挙権・被選挙権の要求へと拡大するのは明らかだ。

④「永住外国人への参政権は、世界的な潮流」

現在、何らかの形で永住外国人に参政権を認めている国は20カ国余りである。そのうち北欧を含むEU諸国が15カ国、それ以外はオーストラリア、ニュージーランド、カナダなどがある。しかし、北欧諸国や西欧が外国人の参政権を認めたのは、労働力確保のために積極的な移民政策をとるなどの特殊事情が背景にある。ドイツとフランスは憲法を改正して参政権を付与している。日本国憲法に参政権は「国民固有の権利」と明記されている以上、ドイツやフランスと同様に参政権を付与する場合には、日本も憲法改正しか方法はない。

(3) 在日韓国・朝鮮人問題としての参政権問題

①「永住外国人への参政権付与問題は在日韓国・朝鮮人問題」

永住外国人約63万人のうち、90パーセントは在日韓国・朝鮮人である。それゆえ、永住外国人への参政権付与の問題は、日本の国際化というよりも、在日韓国・朝鮮人問題といわれている。現に参政権問題に、最も熱心に運動を展開しているのは、韓国系の在日韓国・朝鮮人団体の「民団」(在日大韓民国民団)である。一方、北朝鮮系の団体「朝鮮総聯」(在日本朝鮮人総聯合会)では、参政権の付与が、朝鮮人同胞を日本国民に同化するものであるとして、絶対反対の立場をとっている。韓国系・北朝鮮系の間で対立する問題に、我が国があえて踏み込む必要があるのか。

②「在日韓国・朝鮮人は日本人と同様の生活をしており、地方参政権ぐらいは認めるべきだ」

たとえ地方レベルであっても憲法違反であり、国家主権、国民主権に関わる問題である。もし、どうしても彼らが望むのであれば帰化するのが一番自然である。

現に毎年１万人近い在日韓国・朝鮮人が帰化している。帰化をせずに権利を要求するのは、本国（韓国・北朝鮮）に対して今なお忠誠心を抱き、日本には忠誠を誓いたくないと考えているのだろうか。ちなみに、在日韓国人は、韓国に帰れば兵役義務がある。日本にいるから、一時的に韓国の兵役義務を免除されているにすぎない。韓国での被選挙権もあり、日本にいて韓国の国会議員にもなる権利を持っている。これは在日朝鮮人も同じである。彼らも北朝鮮での被選挙権を持っている。在日朝鮮人の何人かは、日本の国会にあたる最高人民会議の代議員（国会議員）に選出されている。つまり、日本で生活しながら北朝鮮の国会議員を務めているのである。

③「在日韓国・朝鮮人に対する差別解消」

平成３年の出入国管理特例法によって、在日韓国・朝鮮人の法的地位をめぐる問題は全面的に解決され、彼らには現在、特別永住外国人という外国人としては破格の地位が与えられている。彼らは、他の外国人と異なり、在留資格に制限がなく、韓国はもちろん、日本での経済活動もまったく自由。５年以内であれば、韓国（北朝鮮）と日本との間を自由に往来することも可能である。さらに内乱の罪・外患の罪など、日本の国益を害する重大な犯罪を犯さない限り、国外に退去を強制させられることもない。
　これは世界でも例のない極めて恵まれた地位であり、差別どころか、彼らは日本人以上の特権を有している。彼らがいつまでも帰化をしないのは日本への忠誠心より、この特権を失いたくないからではないのかという人もいる。

④「戦争中に強制連行された人々やその子孫に謝罪の意味として」
　昭和20（1945）年の敗戦と同時に韓国・北朝鮮は独立し主権国家となると、それぞれに国籍が与えられる。昭和27（1952）年に発効されたサンフランシスコ講和条約により、占領軍（GHQ）による日本占領が終了。同時に、彼らは完全な外国人となった。終戦当時、日本には約200万人の在日朝鮮人がいたが、昭和23（1948）年までの間に約140万人が帰国している。つまり、日本国民と同様に戦時動員されて日本に来た人たちは、この間にほぼ帰国しており、日本は彼らの帰国を何ら阻んではいない。また、占領軍は韓国・朝鮮人の帰国に過剰なほどの支援をし、すべての帰国希望者に対し、無料の船便を提供し、日本の官憲に対して全員帰国を達成せよと命じたのである。つまり、現在の在日の人たちは自らの意思で日本に残ったのであり、戦前から日本に生活の基盤があった人々である。

その後も帰国の意思さえあれば、いつでも本国に帰ることができた。このことは、在日韓国人団体による調査からも明らかで、在日１世のうち「強制連行（実は戦時動員）」により無理やり日本に連れてこられた者は、全体の約５パーセント以下であるといわれている。また、「強制連行」という言い方も正しくない。正確にいえば日本人（内地人）と同様に、戦時中、朝鮮の人々も同じ日本国民として戦時動員、つまり徴兵や徴用等を受けただけであり、これは民族差別でも何でもない。そして、現在の在日の人たちは政治的にいかに差別されようと、外国人として日本に残ったほうがよいと判断、自由意思により帰国しなかった者及びその子孫である。参政権で重要なのは、在日の人たちへの同情といった情緒（じょうちょ）的な議論ではない。国家や国民のあるべき姿を明確にすることである。

永住外国人への参政権の付与を認めることは、運命共同体としての国家・日本を外国人の手に委（ゆだ）ねることになり、主権国家の崩壊を意味する。「国籍と参政権は不可分」が世界の常識であり、永住外国人への参政権を認めることはできない。

(13) ロシア人の領土拡張主義の本質

ロシア人は実は臆病者だ。ロシア人の領土に対する執着は恐怖心から。

ロシアの南下政策

日本が近代国家としての歩みを始めたころから、日本とロシア（ソ連）は地政学的に対立関係にあった。ロシアの不凍港を求めた南下政策と、あくなき領土膨張主義は、日本の安全保障上の脅威となり続けた。結果、日本は日露戦争を戦い、辛うじてロシアの南下を防いだ。そして、日本は朝鮮半島と中国における権益を獲得し、ロシアから南樺太の割譲を受ける。

戦争で失ったものは、戦争で取り返すしかない。このことは、必ずしもすべての領土問題にあてはまるわけではないが、「力の信奉者」であるロシアを相手にした場合には、話は違ってくる。

日本が米戦艦ミズーリー号艦上で降伏文書に署名した昭和20（1945）年9月2日、スターリンはソ連国民に対して「40年間の怨念（日露戦争での敗北）を晴らすときをじっと待っていた」という戦勝演説を行い、南樺太、千島列島の軍事占領を正当化した。あわよくば、北海道までも軍事占領しようと目論んでいた（「ソ連の北海道占領計画」）。

ロシア語には「安全」という言葉は存在しない

駐ルーマニア大使館初代防衛駐在官を務めた乾一宇1佐が、著書『力の信奉者ロシア　その思想と戦略』（JCA出版）で、ソ連の領土膨張主義及びロシア人の本質を少々長いが、次のように説明している。

ロシア語には「安全」という言葉はない。「危険のないこと」の言葉を持って代用している。「危険のないこと」は相手との関係において生じるもので、相対的なものである。その感じ方が、ロシア人は特別である。これくらいでいいだろうとは思わない。力の均衡ということを考えない。均衡に達したとすると、それを少しでも凌駕しようとする。その少しが、どんどん拡大していく。相手より倍になっても安心することなく、止めどもなく「危険のない」状態を求めていく。独ソ戦開始2ヶ月前、駐ソ・ドイツ大使であったフォン・シューレンベルグは、ヒットラーに「由来ロシア人は、100パーセントの安全では満足せず、300パーセントの安全を必要とする人々です」と語っている。

ロシア人にとって安全という心安らかな状態は存在せず、唯一の安全は、領土を膨張させる以外にはないのである。ロシアは広大な草原の国であり、身を守る障害物が少なく、外国から幾度となく侵略されてきた。そのため危険のない状態を求めて、ロシアは領土を拡大し、大陸軍国家として膨張してきたのである。

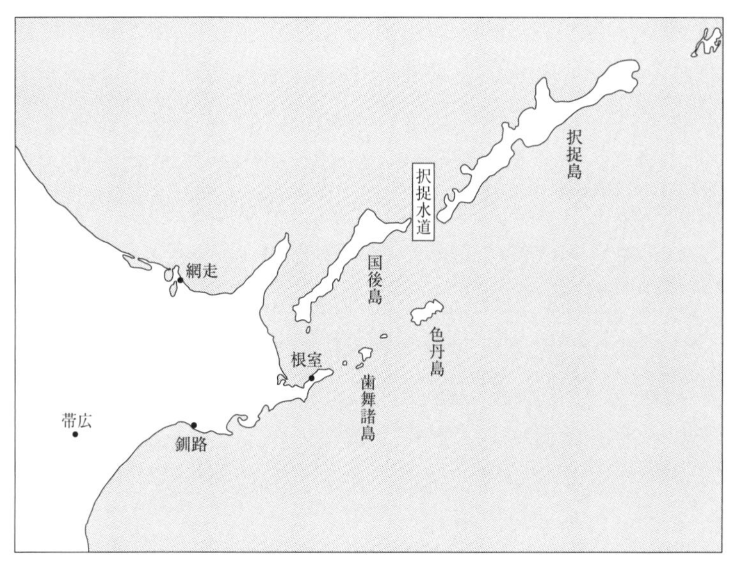

図9：北方領土と択捉水道

国境線を接した国に隙があれば版図(はんと)に入れ、未開拓地と見れば、勢力圏に入れる。シベリアの人跡未踏の地を突き進み、海を渡りアラスカまで手に入れた。「攻撃は最大の防御なり」という言葉は、ロシア人が身を持って会得(えとく)したものである。これこそが、ロシアが「力の信奉者」と言われる由縁(ゆえん)なのである。

一度奪った領土は返さない

ロシアにとって、日本から奪い取った北方4島、その中でも国後島と択捉島は、オホーツク海を内海化し、他国

（外敵）の侵入や干渉を完全に排除できる地政学的に重要な島となっている。なぜなら千島列島の海域は、全般的に水深が浅いため、潜水艦を含む艦船の航行は制約を受けるが、国後島と択捉島の間を通る国後水道だけは、幅約22キロメートル、水深が最大約500メートルもあり、オホーツク海から太平洋へ自由に進出する出入り口となっているからだ。また、択捉島は千島列島の中で最大の島であり、かつて真珠湾攻撃に向かう日本海軍の連合艦隊が停泊した単冠（ひとかっぷ）湾という大きな港湾もある。大型飛行場の建設が可能な平地も確保することができる。

現在、ロシア軍は択捉島に最新鋭の地対艦ミサイル「バスチオン」を配備していることからも、絶対に北方4島を返す気がない。

ロシアとの領土交渉は「力には力で対抗する」という姿勢が政府はもちろん、国民にも必要なのである。

(14) 国境の概念がない中国人

中国の身勝手な領土拡張への野心。中国人はなぜ領土を拡大し続けるのか。

辺彊という言葉

同じ大陸国家であり、ロシアと陸上で国境線を接する中国には「国境線」という言葉は存在しない。中国語で「国境線」に該当する言葉は「辺彊」である。正確にいうと曖昧な地域を示す「緩衝地帯」に近い。

そのため中国では、「緩衝地帯」に「力の空白」が発生した場合、他民族はその空白を埋めようと侵略してくる。中国の歴史は、「辺彊」が他民族の手に落ちれば、「緩衝地帯」がなくなる。漢民族（支那人）にとって、中原の地（文明の中心地）から少しでも遠く離れた地域に「緩衝地帯」を作ることが、国家存続の前提であった。

毛沢東は1945年8月15日の日本の敗戦後、国共内戦に勝利する。国民党を台湾に追放すると、1949年10月1日、中国（中華人民共和国）を建国する。

このときの中国の「辺彊」は（満洲・内モンゴル・チベット・新疆ウイグル）の地域であった。「辺彊」経営を積極的に進めた結果、現在は中国の膨張主義を支える戦略的拠点として位置づけられるまでになった。

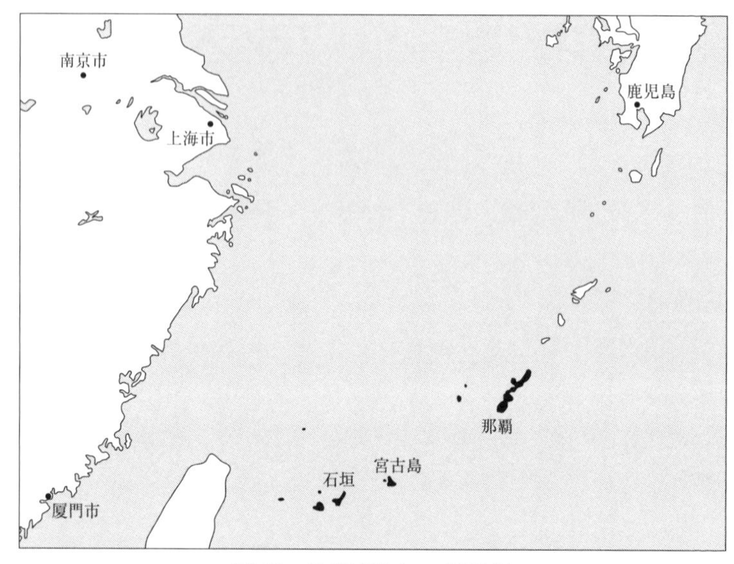

図 10：沖縄は海上の「辺彊」

太平洋を２分割

「辺彊」は陸上にだけ存在するのではない。海上にも「辺彊」は存在する。黄海、東シナ海、南シナ海はもちろんのこと、日本の琉球諸島周辺海域も、海上の「辺彊」として位置づけている。

さらに、2008年3月のアメリカ上院軍事委員会の公聴会で、太平洋軍司令官のキーティング海軍大将が2007年5月に中国を訪問した際、会談した中国海軍幹部から、ハワイを基点として米中が太平洋の東西を「分割管理」する構想を提案されていたことを明らかにした。

同司令官によると、この中国海軍幹部は、「われわれ（中国）が航空母艦を保有した場合」として、ハワイ以東をアメリカが、ハワイ以西を中国が管理することで、「合意を図れないか」と打診したという。このことは中国海軍の近代化が進む中、海上の「辺彊」を確実に拡大しようとしている中国の国家意志の表れである。

戦略的辺彊で領土を拡大

現在の中国の領土膨張主義は、1987年に中国三略管理科学研究院の徐光裕高級顧問が論文で発表した「戦略的辺彊」という新たな概念を理論化したものである。

通常の地理的境界は、国際的に承認された国境で囲まれた範囲を、自国の領域（領土・領海・領空）としている。中国の「戦略的辺彊」とは、通常の領域概念とは異なり、「総合的国力の増減で伸縮する」と規定している。

これは中国の領域が、常に膨張と縮小の歴史を繰り返してきたことから生まれた考え方だ。中央政府が強ければ「戦略的辺彊」の拡大とともに地理的国境は拡大する。逆に弱くなれば縮小するということを意味している。

中国では、政治体制や王朝が変わろうが、常に「中華思想」は普遍のものである。そして「戦略的辺彊」という新たな概念の下、中国の領土膨張の野心は、今も果てしなく続いている。

(15) 地図情報と安全保障

世界の常識、地図は国家機密扱い。

江戸時代後期、北方からのたび重なる外国船来航と、ロシアの接近に警戒を強めた徳川幕府は、日本沿岸防備のための具体的な対策を講ずる必要に迫られる。この時期に、日本各地の沿岸の測量に従事したのが伊能忠敬だ。

寛政12（1800）年、幕府の許可を受けた忠敬は数名の部下を連れ、16年間に及ぶ全国測量の事業を開始する。忠敬は最初の測量を、現在の北海道及びその往復の北関東・東北地方において行った。その後、日本全国の測量事業を文化13（1816）年まで続ける。この結果をもとに「大日本沿海輿地全図」（以下「伊能図」）の作製に取りかかった。だが、忠敬は完成を見ることなく、文政元（1818）年に73歳で没した。「伊能図」が完成するのは、それから3年後の文政4（1821）年だった。

徳川幕府は、完成した「伊能図」を大変精度の高い日本地図として評価し、幕末まで秘匿していた。

ところが、オランダ商館付き医師のシーボルトが写本を日本国外に持ち出し、それをもとにした日本地図が開国とともに逆輸入されると、秘匿の意味がなくなってしまった。シーボルトが持ち出した写本は、日本に開国を迫ったアメリカのペリー提督も持参していた。彼は当初、それを単なる見取り図程度の精度だと思っていたが、日本の海岸線を改めて測量すると、「伊能図」が日本の海岸線を正確に測量した地図だと分かり、驚愕(きょうがく)したといわれている。

明治政府によって発行された軍事、教育、行政用の地図にも「伊能図」が基本図として長く使用された。日本の近代化の過程で、測量や地図作製事業は欧米列強と領土画定交渉をするうえでも重要な役割を担っていた。

戦後、日本国内では地図情報は広く開放され、取り扱いが自由になった。世界的に見れば、今なお地図情報が国家機密となっている地域や国家は珍しくない。

韓国では、外国人が官製地図を購入する場合、パスポートの提示が求められる。中国においては50万分の1以上の大縮尺地図は国家機密に指定され、一般人が入手することは不可能だ。

ソビエト連邦崩壊後、ソ連参謀本部が10万分の1の縮尺で日本全土を網羅(もうら)した地図を作製していたことが明らかになった。これらが作製されたのは、昭和30年代初めから昭和40年代だといわれている。橋梁(きょうりょう)の構造や規格、あるいは日本の地形図には記載されていない植生(しょくせい)区分まで詳細に記載されていた。

現在、日本国内には国家機密に該当する施設や地域が存在する。これらの情報が日本で発行されている市販の地図に掲載されている場合も多い。

ソ連参謀本部のこの地図は東西冷戦下、日本侵攻のために作成された地図だったことが想像できる。

平成25（2013）年12月6日、特定秘密保護法が成立。これを機に国家の安全保障に関わる地図情報の取り扱いについて、日本も諸外国並みの法整備や規制を行うべきである。

(16) プロパガンダ（反日宣伝）による戦争

プロパガンダとは、多数の人々の態度や行動に働きかけて、一定の方向に操作しようとする意図的、組織的な試みだ。意見が対立するような政治的・経済的・社会的問題をめぐって、世論を宣伝者に有利な方向に操作しようとする政治宣伝は、過去のいかなる政治社会においても重要な役割を果たしてきた。

占領軍に精神的武装解除された日本人

チェコ出身の作家ミラン・クンデラは著書『笑いと忘却の書』で、次のような言葉を登場人物に語らせている。

「一国の人々を抹殺するための最初の段階は、その記憶を失わせるということである。その国民の図書、その文化、その歴史を消し去ったうえで、誰かに新しい本を書かせ、新しい文化を作らせて、まったく新しい歴史を捏造（ねつぞう）し押し付ければ、間もなくその国民は、国の現状についても、その過去についても忘れ始めることになるだろう」

アメリカは大東亜戦争後、占領政策を行ううえで、この手を使って日本を滅ぼすのに完全に成功した。すなわち、占領軍（GHQ）が消し去った歴史が大東亜戦争史であり、捏造し押し付けた歴史が太平洋戦争史である。

大東亜戦争とは開戦直後、日本政府が正式に決定した名称であり、その中には、昭和天皇の開戦の詔の通り、この戦争がアジアの安定と自国の平和と繁栄を願う自存自衛の聖なる戦いであることを明らかにし、開戦のやむなきに至った日本側の正しい歴史観が込められていた。

占領軍は、まず日本の大東亜戦争史を闇に葬り去り、大東亜戦争という用語の使用を固く禁止した。さらに戦前の教科書も大部分を墨で塗りつぶして消し去り、神話や軍人の英雄映画・記念館・図書なども抹殺した。そのうえでアメリカ人が書いた太平洋戦争史なるものを新しく作り、映画・ラジオ・新聞など、あらゆる手段で日本人の脳に刷り込ませていったのである。

占領軍は、勝者の立場でデッチ上げた太平洋戦争史を強制的に、わざわざ開戦の日を選んで昭和20（1945）年12月8日から全国紙に連載を命じた。この虚構の太平洋戦争史は、日本の戦争を開始した罪、日本軍の残虐性、とりわけ「南京大虐殺」を事実として強調し、何もかも日本が悪いという歴史観を日本人に植えつけることに貢献した。

そして、アメリカによる日本の都市への無差別爆撃や、民間人の大量殺傷を目的とした広島・長崎の原爆投下も、悪いのはアメリカではなく、日本の軍部が悪かったのだと日本国民の頭の中に叩き込んだのである。続く東京裁判は、その筋書き通りに進められたのである。

この太平洋戦争史観の普及にはラジオも使われた。

NHKでドラマ化されたラジオ番組『真相はこうだ』が10週連続で放送された。この放送と東京裁判は日本人の戦争犯罪に対する贖罪意識の形成に大きな影響をもたらした。

そうして日本人はいつしか国の現状も分からなくなり、過去についても忘れ、長い歴史の中で育んできた愛国心も、誇りも、精神も何もかも失ったのである。

占領軍の指令は、文部省にも及び、この歪められた歴史観に沿って、昭和20（1945）年12月31日には「修身・日本史・地理の授業停止命令」が出され、今までの歴史・地理の授業はストップされ、代わりに新しく太平洋戦争史を子供たちにも教えたのである。

こうしてすべての日本人の脳は、子供から大人まで侵略され、洗脳されていく中、当時の日本人の心の推移についてうかがうことができる一文がある。

山田弘通の『戦後の歌壇』の中に出てくる「その原因の1つは、敗戦後明白にされた日本人の外地内地に於ける残虐破廉恥行為の数々の暴露により、わずかに武力戦には負けたが道義戦には勝ち得たかと考えた自信さえも失墜し、日本人としての自尊心をも完全に亡失し去った」という一文で、占領軍によって捏造し押しつけられた歴史「太平洋戦争史や南京大虐殺」が見事なまでに成果をあげていることが確認できる。

また、文学者の渡辺一夫が述べた「南京事件は、中国人のみに加えた犯罪ではない。それは、日本国民が自分自身に加えた犯行侮辱である。尊い倫理的宿題を暗誦することだけに一切の責任を置き、これを護符の如く保持した国民の自己崩壊の例証である」などは、まさに日本人が日本人の誇り、愛国心を喪失していく瞬間そのものである。

占領軍のこれら一連のウォー・ギルト・インフォメーション・プログラム（戦争犯罪周知宣伝計画）によって、日本は完全に骨抜きにされ、２度とアメリカに歯向かわない国家に創り変えられたのである。

日本占領時に作り上げた日本の戦後体制は、公職追放によって排除された人々の後を占領軍の意向に従う人々が占め、日本の占領が終わった後も、維持され続けてきた。マスコミ・学者・教育者・政治家・官僚・法曹界などに及ぶ。彼らの後継者が今日も多くの要職を占め、日本社会に一定の影響力を持っている。

武力を使わない情報戦争

占領軍が日本占領中に行っていたことが、今も日本国内で続いている。スイス政府発行『民間防衛』より、武力を使わない工作（情報戦争）の流れを説明したい。

〈武力を使わない工作（情報戦争）の流れ〉

【第１段階】

工作員を政府の中枢に送り込む。

【第２段階】

宣伝工作。メディアの掌握、大衆の意識を操作。

【第３段階】

教育の掌握、「国家意識」の破壊。

【第４段階】

抵抗意識を破壊し、「平和」や「人類愛」をプロパガンダとして利用。

【第５段階】

マスコミなどの宣伝メディアを利用して、自分で考える力を奪っていく。

【最終段階】

ターゲットとする国の国民が無抵抗で腑抜けになった時点で、大量の移民を送り込む。

すでに日本は第５段階まで工作が完了しているといわれている。今は中国、北朝鮮、韓国人による工作と、彼らに同調したり、シンパシーを感じる日本人（一部の帰化者も含む）による工作が活発だ。最終段階の完了まで、あまり時間は残されていない。

中国軍の政治工作

中国は、湾岸戦争やコソボ紛争、イラク戦争などにおいて見られた世界の軍事発展の動向に対応し、情報化局地戦に勝利するとの軍事戦略に基づいて、軍事力の機械化及び情報化を主な内容とする「中国の特色ある軍事変革」を積極的に推し進めるとの方針をとっている。
中国は、軍事や戦争に関して、物理的手段のみならず、非物理的手段も重視しているとみられ、「三戦」と呼ばれる「輿論戦」、「心理戦」及び「法律戦」を軍の政治工作の項目に加えたほか、軍事闘争を政治、外交、経済、文化、法律などの分野の闘争と密接に呼応させるとの方針も掲げている。

中国は2003年12月に改正した「中国人民解放軍政治工作条例」に輿論戦・心理戦・法律戦の展開を政治工作に追加。これらをまとめて「三戦」と呼ぶ。

米国防省によると、①輿論戦：中国の軍事行動に対する大衆及び国際社会の支持を築くとともに、敵が中国の利益に反するとみられる政策を追求することのないよう、国内及び国際世論に影響を及ぼすことを目的とするもの、②心理戦：敵の軍人及びそれを支援する文民に対する抑止・衝撃・士気低下を目的とする心理作戦を通じて、敵が戦闘作戦を遂行する能力を低下させようとするもの、③法律戦：国際法および国内法を利用して、国際的な支持を獲得するとともに、中国の軍事行動に対する予想される反発に対処するもの。（平成29〈2017〉年版防衛白書）

(17) ソ連空軍パイロットの亡命事件

危機管理の教材としての活用を。
戦争は偶発的な事件や衝突から始まる。

ソ連軍機の強行着陸

昭和51（1976）年9月6日12時50分、ベレンコ中尉が操縦するソ連軍の最新鋭戦闘機ミグ25が、ウラジオストックの北東約200キロメートルに位置するチェグエフカ空軍基地を離陸。訓練空域に向かう途中で、突如コースを外れ一気に高度を下げて北海道を目指した。

これに対して、13時11分、航空自衛隊北部航空警戒管制団の奥尻、賀茂、当別、大湊のレーダーサイトがベレンコ中尉機（この時点では国籍不明機）を捕捉する。領空侵犯の恐れがあるとして、13時20分、空自千歳基地から2機のF4EJがスクランブル発進した。

空自は地上のレーダーサイトとF4EJの双方で捜索する。だが、ルックダウン能力の乏しかったF4EJは、高度を下げた国籍不明機を見失ってしまう。地上のレーダーサイトは超低空飛行する航空機には対応できず、レーダーからも消えた。

その後、大湊のレーダーサイトが再び奥尻島東部に国籍不明機を捕捉。しかし、最後まで発見されないまま13時

50分、函館空港にベレンコ中尉機がオーバーランして強行着陸する（防衛省情報検索サイト 第4章　ミグ25事件）。

　ちなみに、F4EJは国内の政治的配慮により、爆撃照準用ソフトウェアが組み込まれたFCSコンピュータが取り外されており、米空軍のF4Eに比べれば、はるかに劣るルックダウン能力しか有していなかった。のちにF15Jが導入された際には、この件を教訓として、原型機のFCSをそのまま残すこととなった（航空軍事用語辞典公式サイト「ベレンコ中尉亡命事件」）。

事件への対応

　ミグ25が着陸すると、函館空港は完全閉鎖され、北海道警によって厳重に警備された。

　ソ連側は当日中に、外務省に対してベレンコ中尉との面会及び身柄の引き渡し、機体の早期返還を要求してきた。

　一方、日本政府は9月7日、関係省庁による対策会議を開き、対応を協議した結果、ベレンコ中尉を函館から東京に移送した。8日に坂田道太（さかたみちた）防衛庁長官の「ミグ25の領空侵犯によって、我が国の防空体制に欠陥のあることが明らかになったので、今後万全を期するためにも防衛庁独自の調査が必要である」という表明を受けて、防衛庁はベレンコ中尉への事情聴取を行った。そして9日夜、ベレンコ中尉はアメリカ中央情報局（CIA）の護衛の下、羽田空港から米国に亡命した。

自衛隊の現場でも8日以降、様々な動きがあった。

陸上自衛隊は極秘裏に行動し、事実上の「防衛出動」に出ていた。スイス駐在米大使館付武官から「最先端の軍事技術流出を恐れたソ連軍特殊部隊がミグ25を破壊するため、ゲリラ攻撃に出る」という「A－1」情報がもたらされていたからだ。

この情報により、函館の陸自第11師団第28普通科連隊の高橋永二（たかはしえいじ）連隊長以下隊員たちの緊張は頂点に達していた。

ソ連軍の奇襲侵略を受けても、本来は首相の防衛出動命令が出るまで動けない。高橋連隊長の行動は超法規的ではあったが、先制攻撃を受けてからでは手遅れになるとの判断のうえでの行動だった。

第11師団の大小田八尋（おおこだやひろ）法務官は「出動命令がないからといって犬死にするわけにはいかなかった」と振り返る。高橋連隊長は「われわれが戦わずして誰が戦うのだ」と部下に訓示したという。

この緊張感はミグ－25が函館から離れるまで続くことになる。

9月24日、防衛庁は米軍のC5大型輸送機でミグ25を函館空港から空自百里基地に移送。移送に際しては、ソ連軍機によるC5大型輸送機の撃墜の可能性もあり、F4EJが百里基地まで護衛にあたった。

百里基地では機体の調査が約1週間にわたってアメリカ空軍の協力を得て行われた。併せて、我が国の防空能力等に関する資料が収集、記録されていないかの確認もなされた。

10月2日、外務省はソ連側に10月15日以降にミグ－25を返還する用意があることを伝える。11月12日、空自百里基地から茨城県日立港に移送され、ソ連側による確認作業が行われたのち、15日にミグ25を積載したソ連貨物船タイゴノス号は、ソ連に向け出港し、事件は終結した。

事件を抹殺しようとした三木政権

結局、防衛出動は発令されることはなかった。

国会での「三木おろし」の大合唱の中、三木武夫首相は政権を維持することしか頭になく、防衛出動命令を出すのをためらったのだ。

結果的にはソ連軍の侵攻はなかったが、一刻を争う国家の緊急事態に、三木首相に国民の安全を守る気概はあったのだろうか。警察庁、法務省、運輸省、大蔵省、通産省、外務省、防衛庁の関係省庁がミグ25の扱いを「腫れ物」にでも触れるような対応に終始したことも情けない。

事件終結後、三木首相と坂田防衛庁長官は、この事件の対処にあたった陸自に対し、事件に関するすべての記録を破棄するように指示した。現地部隊の一切の行動を永久に消し去ろうとしたのである。このとき、三好秀男陸上幕僚長は破棄方針に反対して、自ら辞任し抗議している。

ミグ25事件は、他国からの侵攻の恐れがある中での、政治家及び官僚の危機管理能力が試された事件といえるだろう。すべての日本国民が知るべき教訓として継承すべきである。

第３章
自然災害

物理学者の寺田寅彦は昭和9（1934）年11月、雑誌『経済往来』に「天災と国防」というタイトルで寄稿した。その中で、寺田は次のように述べている。

「日本は、気象学的地球物理学的にもきわめて特殊な環境の支配を受けているために、その結果として特殊な天変地異に絶えず脅かされなければならない運命のもとにおかれていることを一日も忘れてはならないはずである。日本のような特殊な天然の敵を四面に控えた国では、ほかにもう一つ科学的国防の常備軍を設け、日常の研究と訓練によって非常時に備えるのが当然ではないかと思われる」

寺田が言うまでもなく、日本は世界有数の災害大国だ。日本人にとって自然災害（天災）は戦争と同じように脅威であり、日ごろの備えと対策が必要だ。だが、危機意識を持っている日本人は数少ない。

『首都水没』（文春新書）の著者である土屋信行氏は、洪水対策は国家の安全保障であるとして、次のように述べている。

「東京の場合は、大潮の満潮時にゼロメートル地帯の堤防のどこか1カ所を破壊するだけで、首都が水没し、地下鉄、共同溝、電力通信の地下連絡網のあらゆる機能が失われるのです。『日本沈没』です。日本を攻撃するのに大量の軍隊も核兵器も必要ありません。無人攻撃機1機で足りてしまうかもしれません。ゼロメートル地帯の堤防をわずか1カ所決壊するだけで、日本は機能を失うのです。ゼロメートル地帯の堤防は、日本にとってのタイトロープであると」

寺田と土屋氏は、問題意識は同じところにあるような気がする。日本人1人ひとりが、2人と同じ問題意識を持つようになれば、日本の防災力は強靭（きょうじん）なものとなるだろう。

(1) 巨大地震があなたを襲う

2XXX年X月X日X時X分、日本列島のどこかで巨大地震があなたを襲う。家の中、外出先、そして、早朝、深夜と時間帯に関係なく、突然、起きる巨大地震に、あなたはどう向き合い、行動するべきか。

(1) 家の中でのあなたの行動は

①地震が起きた瞬間（まずは身の安全を確保）

揺れを感じたり、緊急地震速報が流れたら、まずは自分の安全を確保する行動をとる。丈夫なテーブルの下や、物が「落ちてこない、倒れてこない、移動してこない」場所に移動し、揺れが収まるまで様子を見る。高層階では長周期地震動により揺れが数分続くことがある。大きくゆっくりとした揺れにより、家具類が転倒・落下する危険に加え、大きく移動する危険がある。

②地震直後（発災直後）の行動

・落ち着いて火の元を確認・初期消火

火を使用しているときは、揺れが収まってから、あわてずに火の始末をする。出火したときは、初期消火にあたる。

・あわてた行動がケガのもと

屋内では散乱したガラスの破片などに注意する。瓦や窓ガラス、看板などが落ちてくることも考えられるので、外には飛び出さない。

・出口を確保する

揺れが収まったときに避難できるように、窓や玄関のドアを開けて出口を確保する。部屋の中に閉じ込められたり、身動きがとれな

い状態になった場合には、大声を出すと体力を消耗するので、近くにある硬い物で、ドアや壁をたたいたり、大きな音を出して、自分の居場所を知らせる行動をとる。

③地震後の行動（適切な避難行動）

地域に大規模な火災の危険が迫り、身の危険を感じたら、一時集合場所や避難場所に避難する。沿岸部では、大きな揺れを感じたり津波警報が発令されたら、高台や高い建物などの安全な場所に素早く避難する。

・正しい情報を得る

ラジオやテレビ、消防署や行政などから正しい情報を得る。SNS（ソーシャル・ネットワーキング・サービス）も貴重な情報源となるが、災害時は、不正確な噂や情報が流布（るふ）されることがあるので注意しよう。また停電でも情報が聞けるように、ラジオなどは電池式もしくは、充電式のものを備えておく。

・我が家の安全・隣り近所の安否

我が家（家族の状態）の状況を確認後、隣り近所の安否を確認する。閉じ込められたり、下敷きになったり、負傷した人がいないか、さらには避難の補助が必要な人がいないかを確認する。

・協力し合って救出・救護

倒壊家屋や転倒家具などの下敷きになった人がいた場合には、隣り近隣で協力し、救出・救護する。

・避難前に安全確認（電気やガス）

避難が必要なときには、通電火災を防ぐため、ブレーカーを落とす。ガス管やガス器具が破損していると、ガスが復旧したときにガス漏れを起こして、爆発の恐れがあるので、ガスの元栓を締めてから避難する。夜間の避難は、街灯などが停電している場合もあり、視界が悪くて、転倒したり、側溝に転落す

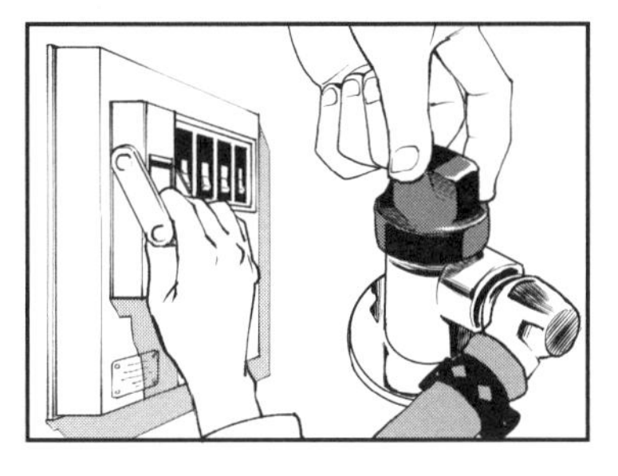

る危険性がある。冬場の避難では、寒さで体調を壊す恐れもあるので、防寒対策を万全にする。

※緊急地震速報

地震が起きた直後に、震源に近い地震計でとらえた観測データを素早く解析して、震源や地震の規模（マグニチュード）を推定し、これに基づいて各地での主要動の到達時刻や震度を予想し、可能な限り素早く知らせる。気象庁は、最大震度が５弱以上と予想された場合に、震度４以上が予想される地域を対象に緊急地震速報（警報）を発表。一般に、気象庁が緊急地震速報（警報）を発表すると、対象となった地域に対して、テレビやラジオ、携帯端末、防災行政無線などで緊急地震速報が流れる。緊急地震速報（警報）で伝える内容は、強い揺れが予想されていることと、強い揺れが予想される地域のみが基本となっている。

※長周期地震動

地震が起きると様々な周期を持つ揺れ（地震動）が起きる。ここでいう「周期」とは、揺れが１往復するのにかかる時間のこと。規模の大きい地震が起きると、周期の長いゆっくりとした大きな揺れ（地震動）が起きる。このような地震動のことを長周期地震動という。建物には固有の揺れやすい周期（固有周期）がある。地震波の周期と建物の固有周期が一致すると共振して、建物が大きく揺れる。高層ビルの固有周期は低い建物の周期に比べると長いため、長周期の波と「共振」しやすく、共振すると高層ビルは長時間にわたり大きく揺れる。また、高層階のほうがより大きく揺れる傾向がある。

※通電火災

通電火災が注目されたのは、阪神・淡路大震災のときだ。神戸市内だけで157件の建物火災が発生。原因が特定できた55件のうち35件が電気火災でもっとも多く、そのうちの33件が通電火災だった。東日本大震災でも、本震による火災が111件起きたが、原因が特定されたものが108件。そのうちの過半数が通電火災だった。通電火災の一番の怖さは、地震が起きたときに同時に出火するのではなく、避難し無人となった室内から時間差で出火するところにある。これにより発見、初期消火が遅れ、散乱した室内の状況と相まって、あっという間に火災が拡大する。通電火災を防ぐ方法は、単純に「避難する前にブレーカーを落とす」だけだ。ところが、実践するとなると話は別で、停電による暗闇と、いつまた余震が来るかもしれないという恐怖の中、冷静にブレーカーを落としてから避難するのは非常に困難となる。

コラム：家の中は危険がいっぱい

家の中には、地震が起きると危険な場所がいくつもある。

キッチン、リビング、背の高い家具などを置いている部屋、トイレ、浴室などだ。キッチンの冷蔵庫や電子レンジは、地震のときに飛んでくる可能性がある。冷蔵庫は重量があり、動かないと思っているかもしれないが、地震のときは、飛び跳ねて人に襲いかかる凶器となる。グラスや食器類が棚から飛び出すと、割れた破片が床に散乱しているため、素足では歩けなくなる。リビングの薄型テレビなども凶器だ。電化製品が飛んできたり、飛び跳ねないようにしっかりと固定しておく。トイレは閉じ込められると避難できなくなるので、揺れを感じたら、直ちにトイレのドアを開けた状態で、揺れが収まるのを待とう。人間は裸でいるときが、最も無防備な状態である。揺れを感じたら、洗面器などで頭を守り、浴室から出て安全な場所に移動する。キッチンに限らず、部屋、廊下、階段などの床には、地震によって、色んな物が散乱しているので、底の厚いスリッパを履いて、室内は移動しよう。就寝中の地震も恐ろしい。背の高い家具などを置いている場合は、倒れてきて、下敷きになることもある。寝室に背の高い家具を置く場合には、家具は転倒対策（家具固定）をしておく。停電すると、真っ暗になるので、枕元には懐中電灯を備えておく。コンタクトレンズを使用している人は、枕元に眼鏡を用意しておこう。

(2) 外出先でのあなたの行動は

・住宅街・繁華街

ブロック塀、自動販売機が倒れてくる恐れがある。屋根瓦、ガラスや壁材、看板やネオンサインなどの落下物、ビルの倒壊に注意する。感電の恐れがあるので、切れて垂れ下がっている電線には触らないようにする。カバンなどで頭を守り、公園など安全な場所に避難する。近くに避難できる公園がない場合は、耐震性の高いビルに一時的に逃げ込む。

・スーパー・百貨店

ショーケースの破損や、商品の落下、ガラスの破片などに注意。スーパーでは、買い物かごで頭を守る。柱・壁際に身を寄せ、避難の際には店員の指示に従って行動する。

・劇場（映画館）・ホール・スタジアム

揺れが収まるまで、頭などを守る姿勢をとる。特に屋内の施設の場合は、パニックに陥りやすいので冷静な行動が求められる。あわてて非常口や非常階段に殺到すると、将棋倒し等になる恐れもあり、館内放送や係員の指示に従って行動する。

・学校

学校の避難訓練では、物が「落ちてこない、倒れてこない、移動してこない」

を基本行動として、机の下にもぐって机の脚を手でつかみ、身を守る訓練が行われている。揺れが収まるのを待ち、教師の指示に従って行動する。音楽室では、ピアノの下にもぐることは大変危険だ。ピアノが移動したり、ピアノの脚が折れる恐れがある。ピアノには近づかないようにする。理科実験室などにも実験器具などが置いてあるので注意する。

・地下街

地下街には60メートルごとに非常口が設置されている。停電になっても、非常照明（非常灯）がつくまではむやみに動かない。避難する際には、1つの非常口に殺到せず、走らずに歩いて地上に脱出する。

・オフィス

コピー機などはキャスターを固定しておかないと、移動するだけでなく、凶器となって飛んでくる（襲ってくる）。コピー機が身体に当たれば、大けがをする

恐れもある。大量に書類の詰まったキャビネットや棚が倒れると、下敷きになる恐れがあるので固定しておく。

・高層ビル

上の階（高層階）ほど大きくゆったりと揺れる。揺れが収まるのを待ち、できるだけ窓から離れ、広い場所（共用ホール等）に移動。ビルの防災センターからの放送や警備員の誘導に従って行動する。

・エレベーター

すべての階のボタンを押して、停止した階で降りる。閉じ込められたときは、非常ボタンやインターホンで連絡をとり、救出を待つ。

・駅

ホームから転落しないように柱などにつかまる。ホームが混雑して身動きがと

れない場合は、揺れが収まるまでカバンなどで頭を守る行動をとる。地下鉄の駅では、地上に出ようと階段や改札口に人が殺到し、パニック状態になる恐れもある。揺れが収まったら、駅係員の指示に従って行動する。絶対に線路には降りない。

・電車・バス

緊急停車に備えて、つり革や手すりにしっかりとつかまる。乗客の将棋倒しや、網棚からの落下物に注意する。座っている場合は、カバンなどで頭を守る。揺れが収まったら、乗務員の指示に従う。

・車の運転中

急ブレーキは衝突の危険性があり、ハザードランプを点灯しながら減速して、道路の左側に停止させる。余裕があれば、道路以外の駐車場もしくは広場に駐車。揺れが収まるまで車外に出ず、カーラジオやカーナビのテレビなどで情報を収集する。避難の際は、ドアロックをせ

ずキーをつけたまま、連絡先のメモを車内に残し、貴重品や車検証を持って、車から離れる。

・海岸付近

数分で津波が海岸線に到着することもあり、すみやかに海岸から離れて、高台や安全な場所（津波避難タワーなど）に避難する。

・山間部

土砂崩れで生き埋めになる恐れがあるので、すみやかに斜面や崖から離れて、安全な場所に移動する。

(2) 災害時のデマの恐ろしさ

災害時は情報が氾濫（はんらん）。SNSはデマ発信源ともなり得る。悪質なデマは二次災害を招く。

デマによる社会不安

災害時には様々なデマが流される場合がある。大正12（1923）年の大正関東地震（関東大震災）では、混乱の中で、「朝鮮人が暴動を起こした」「井戸に毒を投げ込んだ」「放火をしている」などのデマが流され、多くの朝鮮半島出身者が犠牲となる事件が起きた。

平成30（2018）年6月18日に起きた大阪北部地震の直後には、ツイッターなどのSNS（ソーシャル・ネットワーキング・サービス）を中心に様々なデマが飛び交った。「シマウマが脱走した」「京セラドームに亀裂が入った」などの悪質な投稿もあった。平成23年の東北地方太平洋沖地震（東日本大震災）では、コスモ石油千葉製油所のタンクが燃えたときに、有害物質を含んだ雨が降ってくるというチェーンメールが大量に流された。平成28年の熊本地震でも、デマが流され混乱した。

投稿された内容は、真偽（しんぎ）に関係なく瞬時に拡散する。デマ情報を信じた人が、避難の途中で犠牲になる可能性もあり、悪質なデマは犯罪といえる。

デマによる世論操作

デマは自然に起きる愉快犯デマと、意図的に被災者や国民の不安を他の人に振り向けようとする世論操作デマがあり、特定の人や組織・集団がデマを流すこともある。

災害時にデマが起きるのは、必要な情報が社会や集団に届いていないからだ。人々にとって、必要な情報が手に入らない場合にデマが起きやすい。そして、必要な情報が入らないことで、デマがいつの間にか本当の情報となり、混乱に拍車をかける危険性もある。

災害時には、国民1人ひとりが、デマに惑わされずに行動することが求められている。

災害時は不在宅を狙った窃盗も起きる

災害時、被災地では空き巣被害が起きている。「窃盗団が入り込んでいる」「○○人が大挙してやってくる」という、本当かデマか分からない情報もある中、実際に窃盗犯による犯行が行われている。東日本大震災や熊本地震でも頻発した。

家族と離ればなれになった際、安否確認のために自宅の玄関に「○○避難所にいます」と書き置きしよう、と推奨された時期があった。だが、それは間違いだ。書き置きを見た窃盗団に、家の中に誰もいないことが明確になってしまうからだ（不在だとバレて火事場泥棒の餌食になる）。現在は書き置きする場合、家族であらかじめ決めた目立たない場所に書くようにしよう。

(3) 震度と揺れの状況

震度は、地表における地震の揺れの強さで、「震度階級(0～9段階」で表される。
ライフライン・インフラなどへの影響は？
液状化現象などによる被害は？

［震度0］
人は揺れを感じない。

［震度1］
屋内で静かにしている人の中には、揺れをわずかに感じる人がいる。

［震度2］
屋内で静かにしている人の大半が、揺れを感じる。

［震度3］
屋内にいる人のほとんどが、揺れを感じる。

［震度4］
ほとんどの人が驚く。
電灯などのつり下げ物は大きく揺れる。
座りの悪い置物が、倒れることがある。

［震度５弱］

大半の人が、恐怖を覚え、物につかまりたいと感じる。棚にある食器類や本が落ちることがある。固定していない家具が移動することがあり、不安定なものは倒れることがある。

［震度５強］

物につかまらないと歩くことが難しい。棚にある食器類や本で落ちるものが多くなる。固定していない家具が倒れることがある。補強されていないブロック塀が崩れることがある。

［震度６弱］

立っていることが困難になる。固定していない家具の大半が移動し、倒れるものもある。ドアが開かなくなることがある。壁のタイルや窓ガラスが破損、落下することがある。

耐震性の低い木造建物は、瓦が落下したり、建物が傾いたりすることがある。倒れるものもある。

［震度6強］

はわないと動くことができない。飛ばされることもある。
固定していない家具のほとんどが移動し、倒れるものが多くなる。
耐震性の低い木造建物は、傾くものや、倒れるものが多くなる。
大きな地割れが生じたり、大規模な地すべりや山全体の崩壊が発生することがある。

［震度7］

耐震性の低い木造建物は、傾くものや、倒れるものがさらに多くなる。
耐震性の高い木造建物でも、まれに傾くことがある。
耐震性の低い鉄筋コンクリート造りの建物では、倒れるものが多くなる。

ライフライン・インフラなどへの影響

①ガス供給の停止

安全装置のあるガスメーター（マイコンメーター）では震度５弱程度以上の揺れで遮断装置が作動し、ガスの供給を停止する。さらに揺れが強い場合には、安全のため地域ブロック単位でガス供給が止まることがある。

②断水、停電の発生

震度５弱程度以上の揺れがあった地域では、断水、停電が発生することがある。

③鉄道の停止、高速道路の規制等

震度４程度以上の揺れがあった場合には、鉄道、高速道路などで、安全確認のため、運転見合わせ、速度規制、通行規制が、各事業者の判断によって行われる（安全確認のための基準は、事業者や地域によって異なる）。

④電話等通信の障害

地震災害の発生時、揺れの強い地域やその周辺の地域において、電話・インターネット等による安否確認、見舞い、問い合わせが増加し、電話等がつながりにくい状況（ふくそう）が起こることがある。そのための対策として、震度６弱程度以上の揺れがあった地震などの災害の発生時に、通信事業者により災害用伝言ダイヤルや災害用伝言板などの提供が行われる。

⑤エレベーターの停止

地震管制装置付きのエレベーターは、震度５弱程度以上の揺れがあった場合、安全のため自動停止する。運転再開には、安全確認などのため、時間がかかることがある。

※震度6強程度以上の揺れとなる地震があった場合には、広い地域で、ガス、水道、電気の供給が停止することがある（気象庁震度階級表の解説より）。

液状化現象

液状化現象とは、地震が起きた際に地盤が液体状になる現象のこと。

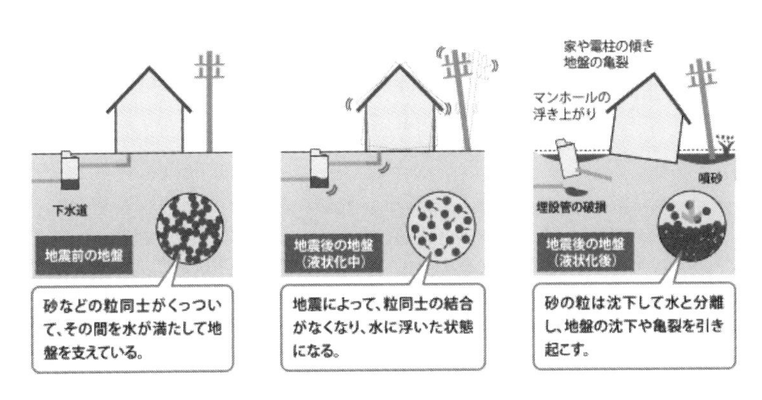

東京都ホームページ http://tokyo-toshiseibi-ekijoka.jp/about.html

地上の建物や道路などが沈んだり傾いたりするだけでなく、下水道の配管が破損したり、マンホールが浮き上がったりして、ライフラインにも影響を与える。

（4） 安否確認の方法

災害時は不要不急の電話は控えよう、SNSの活用をし、災害用伝言ダイヤル・伝言版の使い方を覚えておこう。

地震などの災害発生時には、音声通話が集中し電話がつながりにくくなる。大規模災害時などには、「災害用伝言サービス」や比較的つながりやすいSNS（ソーシャル・ネットワーキング・サービス）等を活用し、電話をかける場合には手短かな通話を心がけ、不要不急な電話やリダイヤルを控える。

災害用伝言ダイヤル「171」

- 伝言は10件まで保存
- 保存期間は録音から48時間

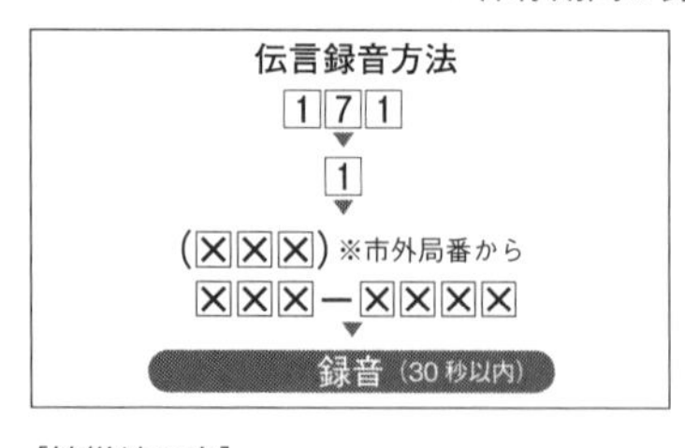

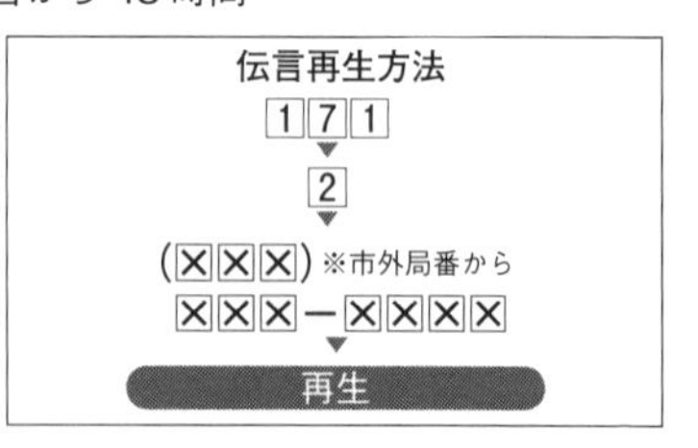

[被災地の方]
自宅の電話番号、または、連絡を取りたい被災地の方の電話番号

[被災地以外の方]
連絡を取りたい被災地の方の電話番号

※被災地の固定電話、ISDN、ひかり電話が登録可能。携帯電話は災害用伝言版を利用（次頁表8参照）

図11：災害伝言ダイヤルの操作方法

種類	ツールの名称	内容	お勧めツール	備考
音声	災害用伝言ダイヤル171	・電話番号を利用して登録。被災者がメッセージを「音声」で録音。相手がそれを聞く。	・一般電話 ・携帯電話 ・スマホ	・録音時間は30秒。 ・1番号あたり20件の蓄積化。
	災害用音声お届けサービス	・携帯電話・スマホから家族の携帯電話番号を入力すると、録音した音声が相手に送信される。	・携帯電話 ・スマホ	・スマホは災害用アプリ登録。 ・携帯は機種により異なる。
文字メッセージ	災害用伝言板web171	・インターネットを利用する伝言板。 ・電話番号を利用して登録。	・パソコン	・災害用伝言ダイヤル171と連携。
	ツイッター、フェイスブック、LINEなどのSNS	・日ごろから利用している機能。	・スマホ	・家族のアカウントが必要。
	スマホの災害用アプリ	・通信会社が提供する公式アプリを利用。	・スマホ	・事前にダウンロードしておく。
	携帯電話の災害用伝言板	・携帯電話通信会社が提供する災害用伝言板。 ・メッセージの登録は自分の携帯通信会社から。 ・メッセージの検索・確認は他社でも可能。	・携帯電話	
	J-anpi	・報道機関や企業が提供する安否情報を一括検索できるサイト。	・パソコン ・スマホ	・検索は電話番号。

表8：主な安否確認手段の方法と特徴等

(5) 日本列島と自然災害

日本列島の面積。日本列島の東西南北端。日本人が暮らす最東端、最南端、最北端。台風の通り道。火山・地震大国。

日本列島の面積

日本列島の面積は約38万平方キロメートル。地球の陸地面積の合計は約1億4724万4000平方キロメートルあり、日本列島の占める割合は0.25パーセント。世界の国の中では61番目の広さだ。そして、日本列島には約1億2000万人が暮らしている。

日本の「領海・接続水域・排他的経済水域」の合計は約447万平方キロメートル。日本列島の12倍の面積があり、世界の国の中で6番目の広さを擁している。さらに、ロシアが不法占拠している北方領土、韓国が不法占拠している竹島が加われば、日本列島の面積も海洋面積も、現在よりも拡大することになる。

日本列島は北緯20度から45度、東経120度から150度の間にあり、多くの島々から構成されている。北海道、本州、四国、九州（沖縄本島を含む）をはじめとして6852の島（周囲100メートル以上）が点在し、それに伴う海岸線の総延長距離は約3万3889キロメートルにもなる。

日本列島の東西南北端

日本列島の最東端は南鳥島。最西端は与那国島。最南端は沖ノ鳥島。最北端は択捉島。

南鳥島と沖ノ鳥島は東京都小笠原村に属し、それぞれ東京都庁（東京都新宿区）から直線距離で、約1870キロメートルと約1740キロメートル離れた太平洋上にある。

南鳥島は一辺が約2キロメートルの正三角形の島で、現在は島民は誰1人いない。気象観測などの業務を行う気象庁の職員や自衛隊の隊員が交代しながら常駐しているだけだ。

沖ノ鳥島は東小島（東露石）と北小島（北露石）と呼ばれる2島とそれを取り囲むサンゴ礁からなる。満潮になると、東小島が約6センチメートル、北小島が約16センチメートルしか海面上に姿を見せない。干潮になると、東西約5キロメートル、南北約1.7キロメートルの広さを持つ茄子（なす）のような形のサンゴ礁が海面上に姿を見せる。郵便番号、住所もあるが、民間人の立ち入りは禁止されている。

沖縄県八重山郡与那国町に属する与那国島は、人口約1500人の島で、日本人が暮らす最西端の島である。同県那覇市から直線距離で約1100キロメートル離れた東シナ海上にある。南西諸島防衛強化のため、陸上自衛隊の沿岸監視隊が平成28（2016）年3月から常駐している。

択捉島はロシアによって不法占拠されているため、日本人の島民は1人もいない。ロシアは南樺太、千島列島も不法占拠しており、最北端は択捉島ではなく正確には占守島となるが、ここでは択捉島にしておく。

日本人が暮らす最東端、最西端、最南端、最北端

現在、日本人が暮らす最東端、最南端、最北端は、北海道の納沙布（のさっぷ）岬が最東端、宗谷岬が最北端、最南端が人口約500人の沖縄県八重山郡竹富町に属する波照間（はてるま）島。最西端は沖縄県八重山郡与那国島。

南北の長さ（直線距離）は、最南端の沖ノ鳥島から最北端の択捉島までの緯度の差を調べると、約2800キロメートルある。東西の長さは、最東端の南鳥島から最西端の与那国島までの経度の差を調べると、約3100キロメートルとなる。そのため気候的には、北は亜寒帯、南は亜熱帯につながる気候変化に富んでいる。広大な国土を持つロシアやアメリカならいざ知らず、約38万平方キロメートルしかない国土で、気候変化がこれほど激しいのは日本ぐらいだろう。1年間の平均気温を見ても、最も寒い北海道の内陸部と最も暖かい沖縄とでは、約15度以上も違う。

台風の通り道

台風は毎年のように日本列島に接近・上陸しているが、最近の台風は、地球温暖化の影響もあり勢力が巨大化している。なぜ、台風が日本列島を襲うのか。台風は北緯5度から45度、東経100度から180度の範囲でしか発生せず、

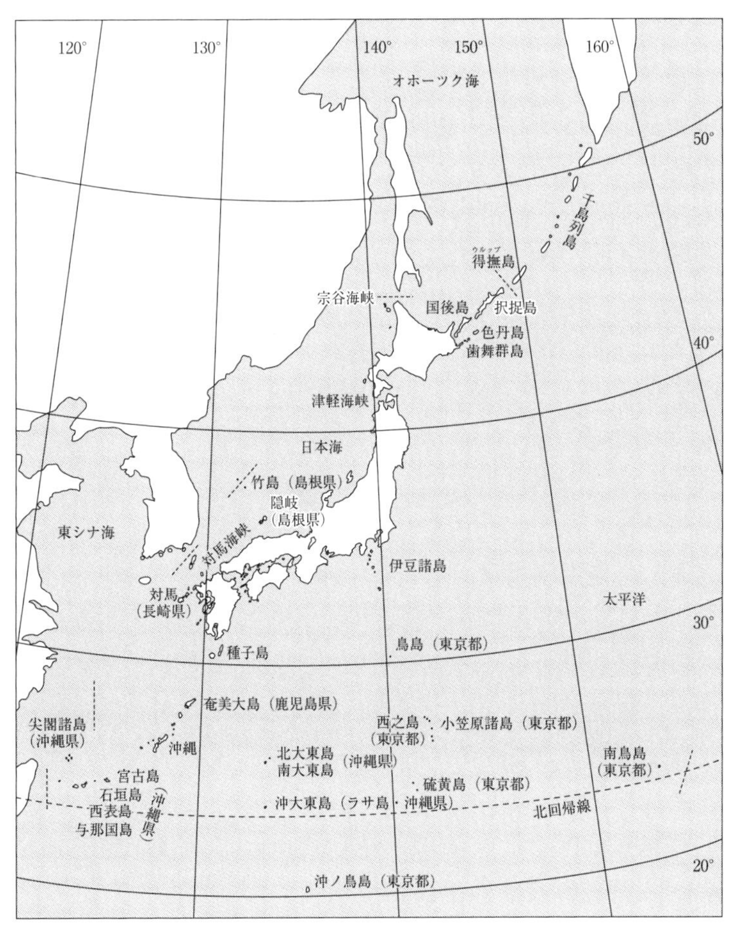

図12：日本列島（東西南北）

この範囲しか通過しない。台風は極めて限定された地域の気象現象であるが、日本列島は、その経路に位置しており、台風から逃れられない地政学的な地域に存在していることを日本人は知っておくべきだろう。

つまり、台風が日本に襲ってくるのではなく、日本が台風の通り道にあるというほうが正確な表現なのである。台風の接近に伴い注意・警戒しなければならないのが高潮だ。高潮は台風とともにジワジワ水位が高くなるというよりも、突然襲ってくる現象で、破壊力を持って迫ってくる津波そのものである。日本での最大の高潮被害は、昭和34（1959）年に東海地方を襲った伊勢湾台風だ。死者・行方不明者は5098人。このときの高潮の高さは約5メートルに達し、名古屋港にあった材木が流木となって、住宅に襲いかかり、被害が拡大した。

伊勢湾台風の後、防潮堤整備の予算が増えたことにより、最近は高潮による大きな被害は起きていないが、高潮を甘くみるべきではない。特にゼロメートル地帯や都市部の地下鉄などの構内は、高潮には注意が必要となる。

高潮と合わせて恐ろしいのが洪水である。洪水は上流でも下流でも起きる自然災害であり、1時間あたり50ミリを超える雨が降っているときは、家からの大量の排水は控えるべきだろう。特に浴槽の残り水を流すのは絶対に控えるべきである。河川の氾濫の危険性が増す可能性があるからだ。

日本人の多くが、小学校の社会科（地理）の授業で、日本の国土は、約73パーセントが山岳地帯と丘陵地からなり、残りが台地と低地から構成されていると習ったと思う。低地とは高さが海抜100メートル以下の地域で、低地の約70パーセントが、洪水になると水没する可能性がある。この低地に、日本人の約半分が集まって暮らし、総資産の約75パーセントが集中している。

日本は火山・地震大国

日本列島は火山列島でもある。活火山とは、過去1万年以内に噴火した火山のことをいうが、地球上には約1500の活火山があり、そのうちの約7パーセントにあたる110個の活火山が日本列島に存在する。あまり多くないように見えるが、日本列島の面積から考えれば、活火山の密度はかなり高い。また、噴火は恐ろしいが、火山は温泉や地熱などの恩恵を日本人に与えてくれている。

地球上には地震がまったく起きない国もある。それに対して、日本では身体に感じない地震も含めると1日に約300回も地震が起きている。約5分に1回の間隔だ。地球上で起きたマグニチュード6.0以上の地震の20パーセントが日本列島周辺で起きており、地震は日本の代名詞ともいえる。

過去・現在・未来と続く歴史の中で、日本列島とともに日本人は生きなければならない。日本列島について興味や

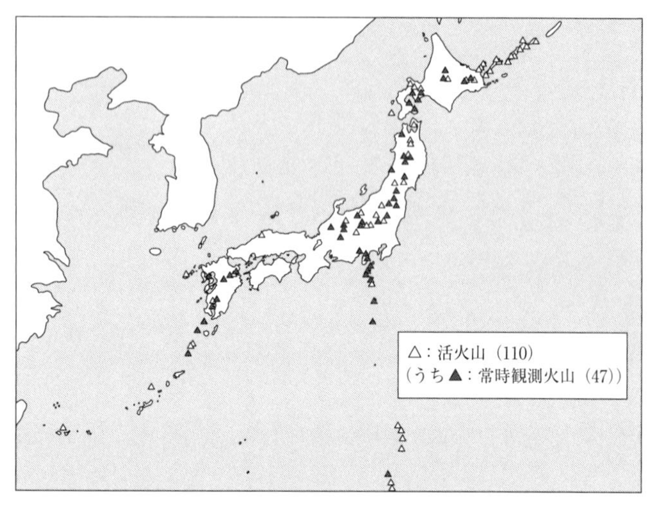

図 13：日本列島の火山分布

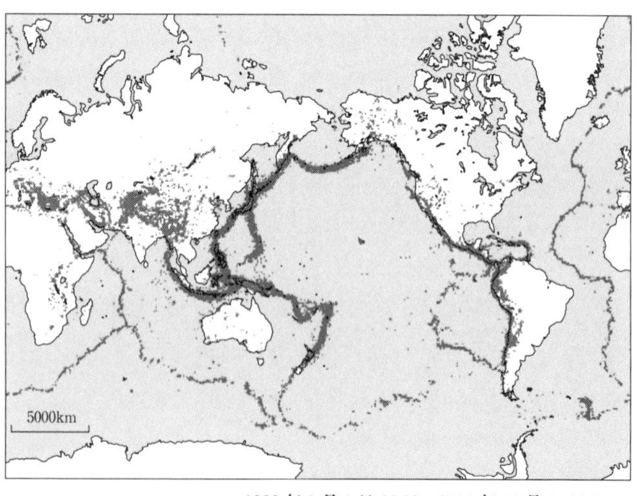

1990 年 1 月 1 日 00:00〜2000 年 12 月 31 日 24:00

図 14：世界の震源分布

関心を持ち、正しい知識を持つことは、日本人として、当然必要なことなのである。

(6) 東京は世界で一番危険な都市

日本は行政も経済もインフラもすべてが東京に集中する。災害に弱い一極集中国家だ。

平成16（2004）年の防災白書に、スイスにある「ミュンヘン再保険会社」がまとめた世界の主要都市のリスク比較が掲載された。

世界大都市の自然災害リスク指数

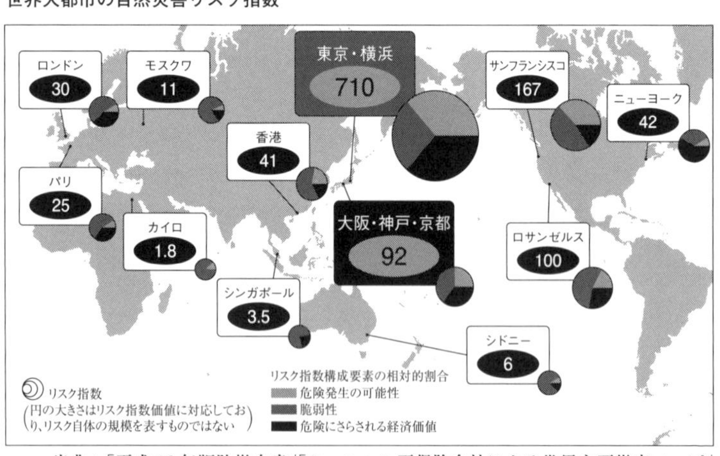

出典：「平成16年版防災白書」「ミュンヘン再保険会社による世界主要災害マップ」

図15：ミュンヘン再保険会社による世界主要都市のリスク比較

世界各国の主要都市を、危険発生度、脆弱（ぜいじゃく）性、危険にさらされる経済価値の3点で比較している。ロサンゼルスを100リスクとしてみた場合、東京・横浜地区は710リスクで世界第1位となり、東京は世界最悪のリスク都市と認定された。大阪・神戸・京都地区も92リスクで世界第4位だった。

一極集中型の都市は自然災害に弱い。特徴的な都市災害としては、密集化による非常時の混乱、火災の延焼拡大、ヒートアイランド現象や集中豪雨、豪雨時の洪水、地下街・地下鉄の水没、水・食料などの備蓄不足によりパニックが起きること等が予想される。

スイスの「スイス・リー再保険会社」が2013年にまとめた「自然災害リスクの高い都市ランキング」でも、東京・横浜地区が世界第1位だった。世界616都市を対象に、洪水や地震、嵐、高潮、津波などで被災する人の数を推計している。

東京・横浜地区が第1位となった理由は、「活発になっている地震地帯に位置していること」「津波の危険性が高いこと」「地震や洪水の危険性が特に迫っていること」。東京・横浜地区は洪水のリスクも高いが、それ以上に、巨大地震の影響を受ける可能性が大きいとしている。

大阪・神戸地区が第5位、名古屋が第6位に入った。大阪・神戸地区は激しい暴風雨や河川の氾濫、津波リスクが高く、名古屋は津波や暴風雨のリスクが高いと判断されてのベスト10入りとなった。

リスボン地震から見た首都直下地震による国家の没落

今後、日本で起きる地震の中で、もっとも警戒が必要なのが首都直下地震と南海トラフ巨大地震である。歴史をひもとけば、首都圏は周期的に巨大地震に見舞われてきた。

ここで世界の歴史上、巨大地震が都市を襲ったことにより、国家が衰退していった例を1つ紹介したい。

1755年11月1日9時40分、海洋商業国家ポルトガルの首都リスボン市を巨大地震が襲う。地震規模はマグニチュード8.5～9.0の間であると推定される。折しもこの日は、カトリックの祭日「万聖節」で、人びとが教会で祈りを捧げている最中に巨大地震が起きた。西ヨーロッパの国々や、北アフリカのモロッコなどでも、かなりの揺れを記録している。

リスボン市では、80パーセントの建物が倒壊。当時の人口は約25万人だったが、約4万人前後が建物の下敷きとなり犠牲となる。建物の倒壊から逃げ延びた市民は、港や空き地などに避難していたが、やがて海水が沖へと引くと、一転して津波が襲来。津波の波高は6～15メートルに達し、猛烈な勢いで市街地を呑み込み、被害を拡大させた。津波は繰り返し襲来し1万人が犠牲となった。一方、津波による被害を免(まぬが)れた市街地も、火災によって焼き尽くされる。火は1週間以上も燃え続け、王宮や行政機関の建物が焼失したため、首都機能は完全に麻痺し、国家の運営に支障を来(きた)した。

ポルトガルでは、リスボン以外でも、国土の南半分を中心に大きな被害が出たが、特にアルガルヴェ地方の被害が大きく、南西端のサグレスは波高30メートルもの津波に襲われた。ポルトガルはリスボン地震を境として、長期衰退の道をたどることになる。かつては重商主義政策によって、世界の海をスペインとともに二分するほどの力を持った国家だったが、2度とその地位を占めることはなかった。

リスボン地震によるポルトガルの衰退は、日本にとっても貴重な教訓だ。

政治・行政や金融・経済活動が過度に集中する都市や地域が、巨大地震に見舞われた場合に、国家の存続（国力の維持）がいかに難しいか……。将来、首都直下地震は必ず起きる。内閣府は首都直下地震による経済的被害額を約95兆円と見積もっている。ほぼ国家予算に匹敵する規模だ。世界の歴史をひもといても、これだけの規模の被害が出る災害は、どこの国も経験したことがない。被害規模が大きくなるのには理由がある。政府機関を含め、あらゆる分野の施設・組織が首都圏に一極集中しているからだ。

では、首都圏とは、どこまでの範囲をいうのか。テレビなどの天気予報では、東京都と千葉・埼玉・神奈川の3県を合わせた1都3県のことを首都圏と呼ぶ場合が多いが、国が定めた首都圏整備法では、東京都を中心とする約150キロメートル四方の範囲のことをいう。つまり、茨城・栃木・群馬・山梨の4県も首都圏に含まれる。そして、日本の人口の３割に相当する約4300万人が暮らしている。首都圏は世界に類を見ない人口過密地域なのだ。人口が多ければそれだけ被害は甚大（じんだい）となる。

日本は、大正12（1923）年９月１日に起きた大正関東地震（関東大震災）や、大東亜戦争の焼け野原から見事に復興し、今日、世界有数の経済大国の地位を築いた。首都直下地震が起きたとしても、同じように復興し、引き続き経済大国の地位を維持することができると思っている日本人もいるかもしれないが、果たしてそうだろうか。内閣府の被害想定は、国民がパニックにならないように、被害想定を低めに設定しているといわれている。最悪の場合、日本の財政が破綻（はたん）を来すことも考えられる。世界中はネットワークで繋（つな）がっており、首都圏が壊滅的な被害となれば、日本発の「世界恐慌」が起きる可能性だってある。

土木学会が平成30年６月７日、「首都直下地震や南海トラフ巨大地震が起きたあとの長期的な経済被害の推計」を発表した。地震の後の20年間の経済被害は、最悪の場合、首都直下地震の場合で778兆円、南海トラフ巨大地震の場合で1410兆円にのぼるとした。まさに「国難」ともいえる災害だ。

人間の力では巨大地震が起きることを防ぐことはできない。リスボン地震の後のポルトガルと同じような運命をたどらないためにも、被害を可能な限り最小にする減災対策を国も国民も怠（おこた）るべきではない。

(7) ハザードマップを疑え

自分が住んでいる地域の災害リスクを知るには。
ハザードマップって、何？
ハザードマップを100パーセント信用するな。

ハザードマップは、自然災害による地域の被害を予測し、その被害範囲を地図化したもの。予測される災害の発生地点、被害の拡大範囲及び被害程度、さらには避難経路、避難場所などの情報が既存の地図上に示されている。

自分が住んでいる市区町村にどのようなハザードマップがあるかを調べよう。地域の災害リスクによって、異なるハザードマップが作られている。市区町村の役所の担当窓口で入手するか、市区町村のホームページから見ることができる。

ハザードマップは、あくまでもシミュレーションしたものであり、予測を超える災害が起きる可能性がある。

洪水ハザードマップ、高潮ハザードマップ、津波ハザードマップの3つの違いを、ほとんどの人が理解していない。津波常襲地帯は、高潮や洪水の常襲地帯と重なっていることが多いからだ。いずれも最大浸水域を示す図であり違いが分かりづらい。津波ハザードマップは浸水深(しんすいしん)を基準にして作成されているのが大半だ。もし、2メートル以上の浸

種　　類	内　　容
洪水ハザードマップ	洪水による浸水の範囲や浸水の深さを予測したもの。
内水ハザードマップ	内水氾濫による浸水の範囲や浸水の深さを予測したもの。
高潮ハザードマップ	高潮による冠水・浸水の範囲や浸水の深さを予測したもの。
津波ハザードマップ	津波による浸水の範囲や浸水の深さを予測したもの。
土砂災害ハザードマップ	土砂災害の危険性がある区域を予測したもの。
火山ハザードマップ	噴火、溶岩流や火砕流、泥流の到達範囲、火山灰の降下範囲などを予測したもの。
地震防災・危険度マップ	地震による震動被害、土砂災害、液状化、建物被害、火災による被害などを予測したもの。

表9：ハザードマップの種類と内容

国交省ハザードマップポータルサイト
各市町村が作成した各種のハザードマップを閲覧可能。
https://disaportal.gsi.go.jp/

水深が予想される地域の木造住宅に住んでいる場合は、津波によって家ごと流される恐れがあるので、2階に避難することは危険である。

ハザードマップは自治体（市区町村）単位で作成されているため、自分が住んでいる地域のハザードマップだけでは、災害の全体像が分からない場合もある。

地域で起きた過去の災害を知るうえで、図書館に保存されている古地図や昔の写真、郷土史なども参考となる。地名も地域の危険度を知るうえで重要な手がかりだ。

　例えば「水、池、沼、川、谷、潟、窪」のような漢字が使われている地域では、過去に災害が起きている場合が多い。

（8）風水害時の避難行動

避難情報の意味を正しく理解し、避難時の行動の注意点を覚えておこう。

毎年起きる大雨による災害

毎年、大雨による犠牲者は、安全な場所（学校や公民館など）に逃げ遅れたことにより亡くなる場合が多い。地震と違い、大雨が降ることは気象予報などを通じて、ある程度は予想できる。大雨が降る場合には、「避難情報」に基づいて、早めに避難することが、自分や家族の生命（いのち）を守ることに繋がる。

災害対策基本法は施行後に何度も改正が行われているが、令和元年台風19号の被害を受けて令和3（2021）年に避難情報に関する改正が行われた。

避難情報の改正

令和元年台風19号は、静岡県や関東地方、甲信越地方、東北地方などで記録的な大雨となり、甚大な被害をもたらした。この台風は、昭和54年台風第20号以来、40年ぶりに犠牲者が100人を越えた台風被害となる。このときの犠牲者の多くは避難情報についての理解不足による逃げ遅れによるものだった。

災害対策基本法の改正前の避難情報は、「避難指示」、「避難勧告」、「避難準備・高齢者等避難開始」の3つの段階に分かれていた。改正前の市町村が発出する避難情報では、「避難勧告」で避難すべきであることが理解されていなかったり、避難のタイミングが2つあるので避難行動を起こしづらいなどの指摘がなされていた。

実際、国土交通省の調査によると、平成23（2011）年と平成24年の2年間で、水害で実際に避難した住民は、「避難勧告」「避難指示」を呼びかけられた人のうち、わずか3.9パーセントだった。最近は住宅の窓枠やドアの気密性が高くなり、防災行政無線が聞き取れず、情報が住民に十分に伝わらない面もあるかもしれないが、3.9パーセントという数字はあまりにも低い。国民の間に、洪水に対する危機意識が広く共有されていない証拠でもある。

これらを踏まえ、「避難準備・高齢者等避難開始」を「高齢者等避難」に変更。「避難勧告」と「避難指示」を「避難指示」へ一本化し、同じ警戒レベル（警戒レベル4）とする改正が行われた。また、市町村長が避難が必要な地域住民に対し、状況が切迫していることを伝え、高所への移動や近傍の堅固な建物への退避、屋内の屋外に面した開口部から離れた場所での待避、その他の緊急に安全を確保するための措置として、「緊急安全確保措置（警戒レベル5）」を指示できるようにした。

首長の判断と避難情報

災害対処の場面では災害時の司令塔である市町村長の決断も、住民の安全を確保するうえでは重要な要素である。

令和3年7月3日、静岡地方気象台は土砂災害の起きるリスクを前日から熱海市に伝えていたが、「雨は弱まる」との予報が出ており、同市は2日午前10時、身体の不自由な人などに避難を呼びかける「高齢者等避難（警戒レベル3)」の発出の段階に留め、「避難指示」が発出されないなかで、土石流が起きてしまう。そのときの映像はSNSで拡散されたいる。

熱海市の斉藤栄市長は7月4日の記者会見で、「避難指示」を見送った判断に「避難勧告」の廃止が影響したかと問われ、「全くなかったとは言えない。『避難勧告』と比べて、『避難指示』は特に重い」と述べている。

市町村長は少しでも危険な兆候がある場合には、熱海市の教訓を活かして、住民の安全確保のための決断を躊躇なくするべきだろう。それが災害時の司令塔である市町村長の最大の責務である。

日本列島には、「土砂災害警戒区域」が20万カ所を超え、都道府県が選んだ「土砂災害危険箇所」は52万5307カ所もある。私たちは常に土砂災害の危険性と隣り合わせで暮らしているということも忘れてはいけない。

土砂災害（土石流・地滑り・崖崩れ）の場合は、土石流のように谷の出口附近や川に近いところの家では破壊されることもあり、家の2階に避難するなどの「垂直避難」では十分に身の安全を守れないこともある。土石流などの向かってくる方向に対して、直角の方向で、少しでも土石流などから離れたところへ移動する「水平避難」を行う。

気づいたときでは遅い

災害時に「パニック」が起きることがあるが、簡単には起きるわけではない。人は、パニックよりも「逃げ遅れ」で生命を失う場合が多い。最悪なのは、逃げ遅れた結果として、事態が切迫した中でパニックが起きた場合である。

大雨による水害は、身近に危機が迫らないとわかりにくい。川の水かさが増しても、人はまさか川が氾濫するとは思わない。家の中に濁流が入ってきて初めて水害が起きたことを知る人も多い。水害は危機が目前に迫るまで、人は危機感を感じないために避難が遅れ、甚大な被害を出すのである。

どのようなタイミングで避難するのか

避難行動の判断材料となるのが気象庁から発表される特別警報、警報、注意報だ。

特別警報は、平成25年8月30日から使用されるようになった。これまでは警報が発表されても避難行動に繋がらなかったため、重大な災害が起きる危険性をいち早く伝えて避難行動を促すために導入された。

特別警報は重大な災害の危険性が著しく高まっているときに、気象庁が発表する最大限の警戒の呼びかけであり、これまでの「警報」の発表基準をはるかに超える災害が予想され、該当地域で数十年に1度しかないような非常に危険な状況であることを知らせる。

特別警報が出たら、該当地域の住民は、周囲の状況や市町村から発表される避難指示、避難勧告の情報に注意し、「ただちに命を守る行動」をとる必要がある。

平成30年7月豪雨（西日本豪雨）では、11府県（福岡、佐賀、長崎、広島、岡山、高知、愛媛、兵庫、京都、岐阜、鳥取）に大雨特別警報が発令された。梅雨前線の停滞が始まった6月28日～7月8日の降り始めからの総雨量は、高知県馬路村で1852.5ミリ、岐阜県郡上市で1214.5ミリ、愛媛県西条市で965.5ミリ、佐賀市で904.5三リを観測。この期間中、72時間降水量は22道府県119地点、24時間降水量は19道府県75地点で観測史上最大を更新。死者の数は200人を超え、豪雨災害として平成最悪の被害となった。

※地震・津波・火山噴火については、従来の「緊急地震速報（震度6以上）」「大津波警報」「噴火警報（居住地域）」が同レベルの警報に位置づけられている。

洪水に関しては、一般向けの注意報・警報として発表す

種類	情報の種類	発表の時期
特別警報	大雨（土砂災害、浸水害）、暴風、暴風雪、大雪、波浪、高潮	重大な災害が起こる恐れが著しく大きな場合に発表。
警報	大雨（土砂災害、浸水害）、洪水、暴風、暴風雪、波浪、高潮	重大な災害が起こる恐れがある場合に発表。
注意報	大雨、洪水、強風、風雪、大雪、波浪、高潮、雷、融雪、濃霧、乾燥、なだれ、低温、霜、着氷、着雪	災害が起きる恐れがある場合に発表。

表10：気象庁による注意報・警報の種類と意味

る洪水注意報や洪水警報とは別に、個別の河川について発表される指定河川洪水予報がある。気象庁が関係機関と共同して、住民の避難行動や水防活動の判断の参考となるように洪水の予報を発表する。

地下街の恐ろしさ

平成11年6月29日未明から、活動が活発化した梅雨前線の影響で、九州北部地方では激しい雨がふった。福岡県内では28の河川で水があふれ、福岡市内では中心部を流れる御笠川が三カ所で溢水し、市内が浸水した。特に博多駅周辺では最大で1メートル程度の浸水となった。

この水害「福岡水害」で特に問題となったのは、御笠川の溢水のために、博多駅近くのビルの地下街の飲食店で、逃げ遅れた従業員が水死したことだ。水害により、地下空

洪水予報	水位危険度	自治体・住民に求める行動
氾濫注意情報	河川の水位上昇が見込まれる状態	河川の氾濫に関する情報に注意する。 自治体は避難準備・高齢者等避難開始の発令を判断。
氾濫警戒情報	氾濫に対する警戒が必要な状態	早目の避難を心掛ける。 自治体は避難勧告などの発令を判断。
氾濫危険情報	いつ氾濫してもおかしくない状態	避難完了。
氾濫発生情報	すでに河川が氾濫している状態	新たな避難行動はとれない。 逃げ遅れた住民の救助。

表11：指定河川洪水予報

※河川名を付けて「○○川氾濫注意情報」「△△川氾濫警戒情報」のように発表される。

間にいた人に人的被害が出たのは、日本の災害史上初めての出来事であり、都市型災害の問題点を浮き彫りにした。

実際、地上から地下につながる階段から流れる水の流入が30センチメートルを超えると、成人男性でも階段を上がることができない。また、外開きのドアの場合、ドア前面の水深が40センチメートル超えると、開けることは困難となる。

大雨・洪水時の避難の注意点

大雨・洪水時、避難するうえでの注意点をいくつか挙げてみたい。

①動きやすく安全な服装で避難

ヘルメットで頭を保護する。靴はひもで締められる運動靴を。裸足・長靴は厳禁。

②足元に注意しよう

水面下には、マンホールや側溝などの危険な場所あるので、長い棒をつえ代わりにして、確認しながら歩く。

③単独行動はしない

避難するときは2人以上で。はぐれないようにロープで結んで避難する。

④浸水の深さに注意

歩行可能な水深は約50センチメートル。水の流れがある場合には20センチメートル程度でも危険である。

⑤子供や高齢者に配慮する

高齢者や病人などは背負い、子供は浮き袋を付けさせて、安全を確保する。

(9) 津波についての正しい認識を

津波に対する間違った認識。
津波はどのようにして起きるのか。
「津波てんでんこ」の定着を。

津波は、通常は海溝型地震と呼ばれる海底の地震によって引き起こされる。海底で大きな地震が起きると、海底が持ち上がり、沈んだりし、その上にあった海水も同じように動かされて、大きな波となって沿岸部を襲う。

津波は、海深(かいしん)が深いほど速くなり、ジェット機並みの時速800キロメートル、水深10メートルでも時速36キロメートルのスピードとなる。

津波の浸水深が2メートルを超えると、木造家屋は流されてしまう。津波は第1波よりも第2波や第3波のほうが大きいことがある。押し寄せる力だけでなく、引くときも強い力で長時間にわたり引き続け、破壊した家屋などの漂流物を一気に海中に引き込む。また、陸地近くで津波は高くなり、かなりの高さまで陸上を駆け上がる(遡上(そじょう))ことがある。

東日本大震災では、岩手県大船渡市の綾里(りょうり)湾で局所的に遡上高(海岸から内陸へ津波がかけ上がった高さ)40.1メートルを記録する津波が起きている。約40メートルの

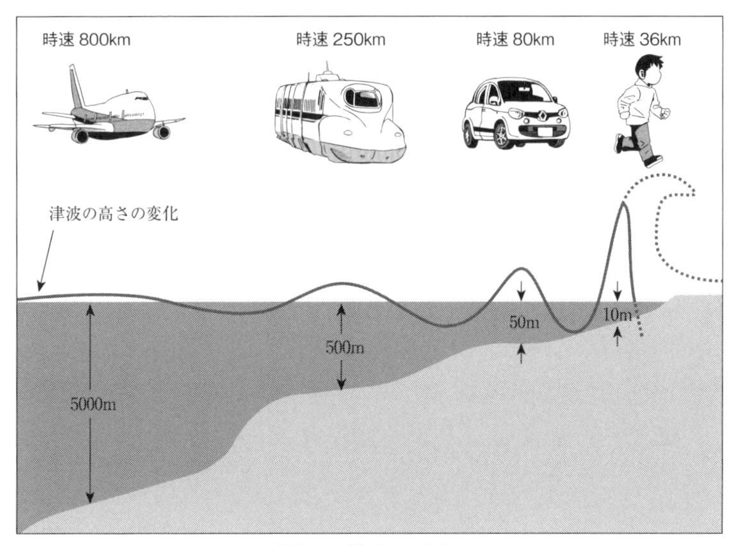

図 16：津波の速さ

高さは13階建のビルとほぼ同じ高さである。想像するだけでも恐ろしい津波の高さだ。

海外では、1958年7月9日、アメリカのアラスカ州リツヤ湾で遡上高524メートルにも達した津波が記録されている。この津波は、地震による津波ではなく、湾の入口付近の氷塊が高所から崩れ落ち、湾内に向かって津波が起きた結果、奥に行くほど狭まるフィヨルドの地形だったため、津波高が一気に高くなったといわれている。

2004年12月26日のスマトラ島沖巨大地震（マグニチュード9.1）では、最大34メートルの津波が起き、23万人以上の犠牲を出した。犠牲者の中には、地震の揺れをまったく感じなかったために、海岸にいて犠牲になった人も多数いる。

日本でも明治29（1896）年6月15日の明治三陸地震津波では、陸上での揺れはせいぜい震度2〜3程度で、ほとんどの人が気にも止めなかったが、地震発生から30分あまり経って、最大38.2メートルの津波が三陸沿岸を襲い、国内で歴史上最大の津波による犠牲者（2万1915人）を出す大災害となった。

「津波てんでんこ」という言い伝えが三陸地方には残っている。「津波の襲来を予感したら、周辺の人に構わず、てんでんばらばらに逃げて、自分だけでも助かれ」という意味。この言葉を世に広めたのは、津波災害に関する多くの著書で知られる作家の山下文男氏である。

山下氏は、「津波てんでんこ」には「自分の命は自分で守る」というだけでなく、「自分たちの地域は自分たちで守る」という意味もあり、日ごろから災害弱者（子供や老人）を助ける方法なども話し合って決めておこうという意味があるとしている。

今後30年以内に70〜80パーセントの確率で起きることが予想される南海トラフ巨大地震では、千葉県〜沖縄県にかけての太平洋沿岸を中心に、6都県23市町村で満潮時、20メートルを超える津波に襲われる可能性がある。高知県の黒潮町では34.4メートル、土佐清水市では31.8メートルもの津波高が予想されている。

間違ったイメージ	正しい理解
津波の前に必ず強い地震を感じる。	必ず強い地震を感じるとは限らない。 明治29（1896）年の明治三陸地震津波（明治三陸地震は「津波地震」とも呼ばれ、揺れに気づかなかった人もいた）。
津波の前に必ず引き潮がある。	必ず引き潮があるとは限らない。 平成23（2011）年の東北地方太平洋沖地震（東日本大震災）の津波（津波の前に引き潮が来るという誤信から逃げ遅れた）。
地震が起きてから津波が襲来するまで時間がある。	数分で津波が到着することがある。 平成5（1993）年の北海道南西沖地震の津波（第1波は地震発生後2～3分で奥尻島西部に到着した）。
日本海側では津波は起きない。	日本海側でも起きる。 昭和58（1983）年の日本海中部地震及び津波（秋田・青森・山形県で10メートル超の津波による被害が出た）。

表12：津波についての間違ったイメージ

(10) 避難場所と避難所の違い

逃げる場所は避難場所。落ち着く先は避難所。
災害の種類により判断を！
要配慮者と帰宅困難者問題と安全対策。

「避難場所」と「避難所」については、災害対策基本法が平成25（2013）年6月に改正されたのに合わせて、それぞれが明確に定義された。

避難場所とは、災害時の危険を回避するために一時的に避難する場所のことで緊急避難場所ということもある。

避難場所には、延焼火災などから一時的に身を守るために避難する場所や、帰宅困難者が公共交通機関が復旧するまで待機する場所として、地域の小さな公園や、小学校の運動場などが指定されている一時避難場所と、地震などによる火災が延焼拡大して地域全体が危険になったときに避難する場所として、大規模公園や団地・大学などが指定されている広域避難場所がある。

一般的に屋外の建築物がないスペースが指定されていることが多いが、洪水、津波、高潮など、災害の種類によっては指定が異なる場合があるので、普段から確認しておこう。

避難所とは、災害によって避難生活を余儀なくされた場合に、一定期間の避難生活を行う施設で収容避難場所ということもある。

避難所は、災害で住居を失った人などが一時的に生活する場所になるため、公民館や小・中学校等の体育館などの屋内施設が指定され、地域防災の備えとして、非常食や衣料品、燃料など様々な物資や消耗品が保管・備蓄されている「防災倉庫」が併設されていることが多い。

津波避難のとき、緊急避難場所は浸水が及ばない高台に位置するが、避難所は浸水地域外とは限らないので注意が必要だ。

福祉避難所について

福祉避難所は、介護の必要な高齢者や障がい者、妊婦や乳幼児、外国人などの災害時要援護者（要配慮者）が避難生活をするための特別な配慮がなされた施設。２次避難所であるため、小学校などの一般の避難所にいったん避難した後に、必要と判断された場合に開設される。

開設期間は原則として災害発生の日から最大限７日間で、延長は必要最小限の範囲にとどめる。運営にあたる人材は、多くを地域内のボランティアによって確保しなければならない。福祉避難所は、地域や生活圏のコミュニティを重視した身近な施設と、専門性の高いサービスが提供される施設に大別される。

福祉避難所として指定されるのは、施設自体の安全性

（耐震、耐火など）が確保されているとともに、手すりやスロープなどのバリアフリー化が図られ、災害時要援護者の安全性が確保された施設が指定されることになっている。

帰宅困難者問題

帰宅困難者とは、自宅以外の場所で地震などの自然災害に遭遇し、自宅への帰還が困難になった者。特に首都直下地震や東海地震が起きた場合に、大量の帰宅困難者が出現することが懸念（けねん）されている。

災害により交通機関が途絶する事態が生じた場合、自宅があまりにも遠距離にあるということで帰宅を諦めた「帰宅断念者」と、長距離ではあるが何とか帰れると判断して徒歩で帰宅しようとする「遠距離徒歩帰宅者」の両者を合わせて、帰宅困難者と呼ぶ。

東日本大震災では、鉄道が運行を停止するとともに、道路も大規模な渋滞が起き、バスやタクシーなどの交通機関の運行にも支障を来した。その結果、鉄道などを使って通勤・通学している人が帰宅できなくなり、首都圏では約515万人（内閣府推計）に及ぶ人が帰宅困難者となった。外出者の約28パーセントが当日中に帰宅できなかったことになる。災害現場に向かう救急車やパトカーなどの緊急車両の通行が妨げられる問題が多発した。

内閣府中央防災会議では、統計上のおおまかな定義として、帰宅距離が10キロ以内の場合は全員「帰宅可能」、10

キロを超えると「帰宅困難者」が現れる。20キロまで1キロごとに10パーセントずつ増加し、20キロ以上は全員が「帰宅困難」としている。

民間団体「帰宅難民の会」によると、男性の革靴で15キロメートル歩くとマメだらけになり、女性のハイヒールは4キロメートルが限界としている。普段から職場などに履(は)きなれたスニーカーなどを備えておくことが必要だ。

無理に帰宅しようとすると、危険な状態に巻き込まれる恐れもあり、企業や学校が安全な場合には、むやみに移動せず、その場で待機しよう。

徒歩帰宅するときのポイント

①歩き出す前に正しい情報を得る。
②普段から自分がどの程度歩けるかを知っておく。
③帰宅ルートを決める場合は、できるだけ安全と思われる道路を選ぶ（幅員(ふくいん)の広い幹線道路)。迂回路(うかいろ)も広くて安全な道路を選ぶ。
④倒壊しそうな建物、ブロック塀、落下物、電柱・電線に注意しながら歩く。
⑤公共施設以外のコンビニエンスストアやガソリンスタンドなどの帰宅支援ステーションを活用しよう。

(11) 避難生活での注意点

災害時の避難所はどんなところ。
避難所生活の厳しい現実（災害関連死）・女性に配慮した避難所運営。
在宅避難と日ごろからの備蓄。
避難の長期化と広域避難。

災害時の避難所はどんなところ？

- けがや家屋被害がなくともライフラインが停止して避難所生活に。
- 発災直後から生活が始まる。
- 家屋被害の場合、仮設住宅ができるまで続く（半年以上に及ぶこともある）。
- 元々が居住空間ではない。
- 夏は暑く、冬は寒い。
- プライバシーはないに等しい。

避難所生活の厳しい現実（災害関連死）

災害関連死とは「災害後の避難生活での体調悪化や過労などの間接的な原因での死亡」のことをいう。東日本大震災では、災害関連死の32.7パーセントが「避難所等における生活の肉体・精神的疲労」が原因とされている。

暑さや寒さ、運動不足、トイレや水の不足などによって、低体温症、熱中症、脱水症、誤嚥性肺炎、エコノミークラス症候群（静脈血栓塞栓症）などになることがあるので注意が必要だ。

女性・子育て家庭に配慮した避難所のポイント

①設備面

・異性の目線が気にならない物干し場、更衣室、休養スペース。
・授乳室。
・間仕切りの活用。
・単身女性や女性のみの世帯用エリア。
・安全で行きやすい場所の男女別トイレ、入浴設備の設置（仮設トイレは女性用を多めにすることが望ましい）。
・障がい者も含め誰もが使いやすいユニバーサルデザインのトイレ。
・女性トイレ、女性専用スペースへの女性用品の常備。

②運営管理面

・管理責任者に男女両方を配置。
・自治的な運営組織の役員に女性も参加する（少なくとも3割以上）。
・女性や子育て家庭の意見やニーズを把握。
・女性用品（生理用品、下着等）の女性担当者による配布。
・避難者による食事作り、片付け、清掃などの役割分担（男女問わずできる人で、性別や年齢で固定化しない）。

・相談体制の整備、専門職と連携したメンタルケア・健康相談の実施。

・きめ細かな支援に活用する避難者名簿の作成と情報管理の徹底。

・配偶者から暴力を受けた被害者らの避難者名簿の管理徹底。

・就寝場所や女性専用スペースなどの巡回警備、暴力を許さない環境作り。

・防犯ブザーやホイッスルの配布。

（内閣府作成の避難所チェックシートから）

在宅避難と日ごろからの備蓄

避難所に行かずに自宅で避難生活ができる場合は、在宅避難をしよう。避難所では、環境の変化などによって体調を崩す人もいる。事前に住宅の耐震化を行い、水や食料、トイレ・衛生用品などの備蓄、ライフラインの代替品を備えておき、可能な限り在宅避難できる準備をしておく。

普段から少し多めに食材、加工品を買っておき、使ったら使った分だけ、新しく買い足していくことで、常に一定量の食料を自宅に備蓄しておく方法をローリングストックという。ローリングストックのポイントは、日常生活で消費しながら、新たに買い足して備蓄していく。食料等を一定量に保ちながら、消費と購入を繰り返すことで、備蓄品の鮮度を保ち、いざというときにも日常生活に近い食生活を送ることが可能となる。

飲料水の備蓄には限界があるので、自宅近くの「給水拠点」を事前に確認しておく。給水タンクも備えておくと役立つ。水道水を入れたペットボトルや、ポリタンクを用意したり、お風呂には水を張っておくなどの備えをしておく。トイレットペーパーは、1カ月分（目安として1人あたり4ロール）は備蓄。トイレが使用できない場合に備えて、携帯用（非常用）トイレや使用した携帯トイレを保管するゴミ袋を用意しておく。カセット式のガスコンロや電灯は

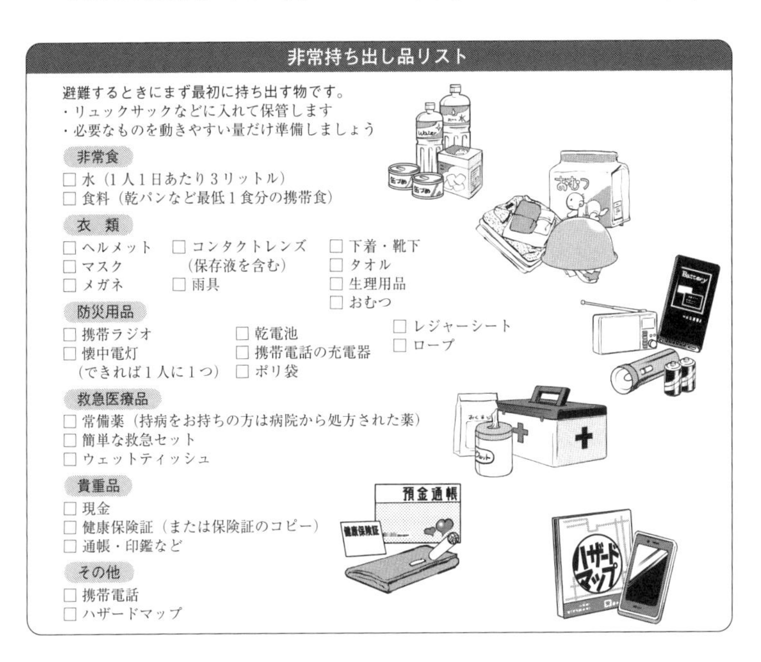

乳幼児のいる家庭

粉ミルク・ほ乳びん・おむつ・離乳食・スプーン・おんぶひもなど

妊婦のいる家庭

脱脂綿・ガーゼ・さらし・T字帯・新生児用品・母子手帳など

要介護者のいる家庭

おむつ・ティッシュ・補助具の予備・常備薬・障害者手帳など

家族構成に合わせた準備を

図17：非常持ち出し品リストと備蓄品リスト

乾電池などで作動するヘッドランプを備えておく。

避難の長期化と広域避難

大規模な災害が起きると、避難生活が長期化する恐れがある。平成12（2000）年の三宅島の雄山噴火では、島民は約4年半にわたって、島を離れて長期の避難生活を余儀なくされた。

広域避難とは、自分が住む市区町村の外に避難すること。東日本大震災では、東京電力福島第１原子力発電所の事故により、広域避難を余儀なくされ、いまだに避難生活が続いている人が多数いる。

火山噴火や原発事故による長期避難は、以前住んでいた市区町村への帰還の見通しが立たず、精神的にも肉体的にも苦しい状態が続くことになる。

(12) 自助・共助・公助の果たす役割

自助：自分の命は自分で守る。
共助：自分たちの地域は自分たちで守る。
公助：自治体・行政機関は、公的支援をすることで住民を守るが、限界もある。

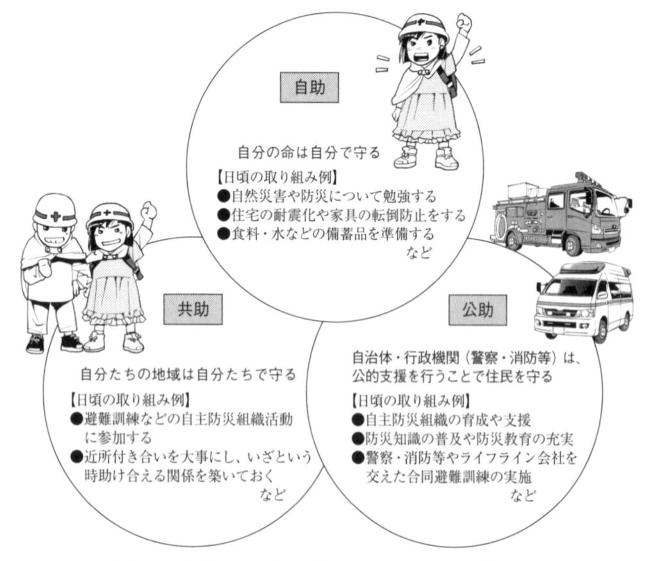

図 18：自助・共助・公助の果たすべき役割

平成 7（1995）年に起きた兵庫県南部地震（阪神・淡路大震災）では 6434 人が亡くなった。「神戸市内における検死統計」（兵庫県監察医）によると、神戸市内の犠牲者3651人のうち、少なくとも83パーセントが建物の倒壊や家具の転倒による窒息死または圧死だった。

一方で、家屋の倒壊により閉じ込められた人の約80パーセントが公助（警察や消防、自衛隊などによる救助）ではなく、家族や近所の住民によって救出されている。阪神・淡路大震災では、地震直後の人命救助や初期の消火活動では、近所の住民の協力（共助）が大きな役割を果たした。

東北地方太平洋沖地震（東日本大震災）では、行政機能が麻痺する事態に陥った自治体があった。被害の状況や自治体の規模によっては、災害時に自治体が行う公的支援（公助）には限界がある。

東日本大震災後、災害対策基本法が改正され、災害により地方自治体が機能不全になった場合には、国が災害応急対策を実施、救助や救援活動の妨（さまた）げとなる障害物の除去、避難所運営などを代行できるようになった。

(13) 地域の防火・防災訓練に積極的に参加しよう

真剣に取り組むことで、自分の身を守ることにつながる。地域の人たちと顔見知りになり、災害時に助け合うきっかけとなる。

訓練は、なぜ必要なのか

(1) 消火器の使い方

「訓練をしても意味がない」「訓練をしても、実際に災害が起こったら、役に立つかは分からない」という声がある。果たしてそうだろうか。頭では分かっているつもりでも、実際に行動をしてみないと分からないことも色々あるはずだ。

例えば、消火器が備えてある場所はどこか。備えてある場所を知っていても、使い方を知っているか。

災害が起こってから、消火器を探して使い方を調べるのと、日ごろから体験をしておいて、消火器がすぐに使えるのとでは、消火活動を始めるまでの時間に大きな差がある。

使い方は、とても簡単！　3つの動作で誰にでも使うことができる。

①安全ピンを上に引き抜く。

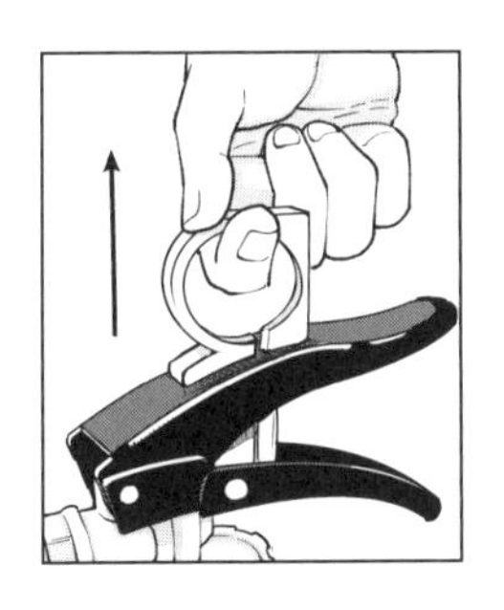

②ホースを火元に向ける。

③レバーを強く握る。

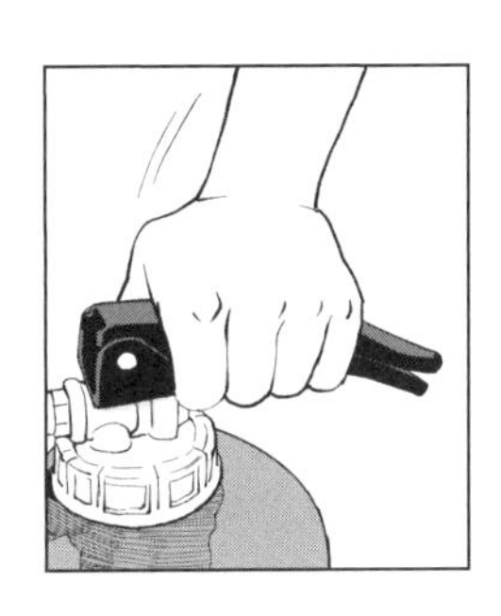

消火時の注意

・放射時間（粉末消火器だと約10秒～14秒）を考えて、消火器を取り扱う。

・避難路をふさがれないように逃げ口を背面にして消火する。
・炎が天井に届いたら、消火器での消化は危険。すぐに屋外に避難する。

（2）屋内消火栓の使い方

1号消火栓の取り扱い方

2号消火栓の取り扱い方

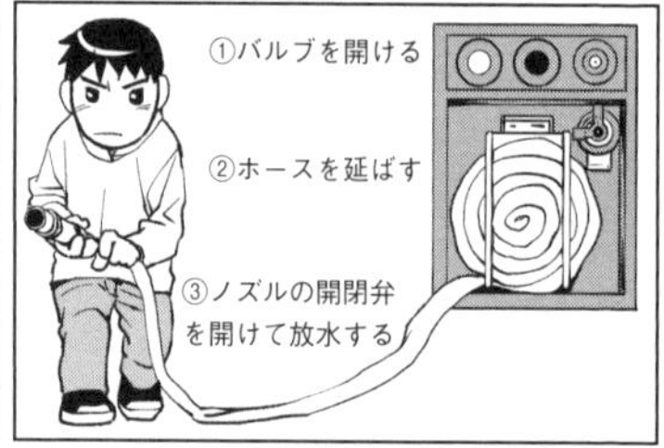

放水時の注意

・放水中は、ノズルを手放さない。水圧でノズルが動き、負傷することがある。
・ホースの折れ、ねじれがないように注意する。折れやねじれがあると、有効な放水圧力が確保できない。
・ポンプは、消火ポンプ室の「消火ポンプ停止ボタン」でのみ停止する。

（3）スタンドパイプの使い方

スタンドパイプは、消防車が入れないような狭隘（きょうあい）地域で火災が起きた場合に、消火栓とホースをつないで消火栓

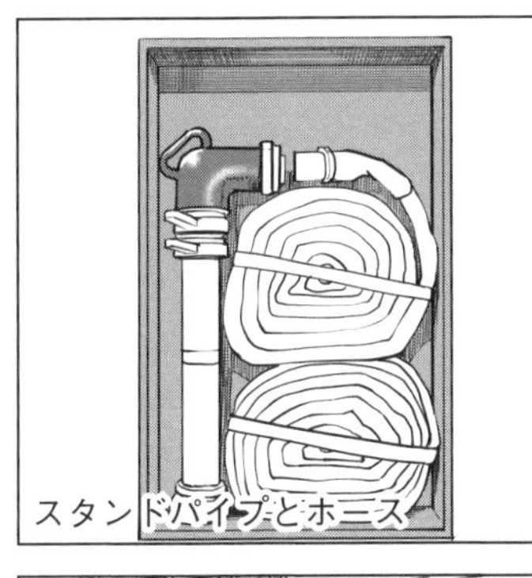

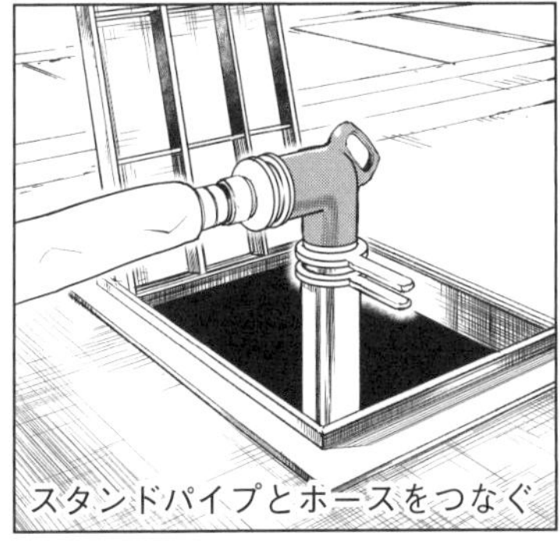

の圧力だけで水を出すことができる器具。消防車両がなくても、スタンドパイプとホース、管そうがあれば、消火栓の圧力で水を出すことができる。

スタンドパイプを使って放水するには、消火栓を開ける消火栓鍵、消火栓の水を出すバルブ（放水弁）を開けるスピンドルドライバー及びホース、管そうが必要。

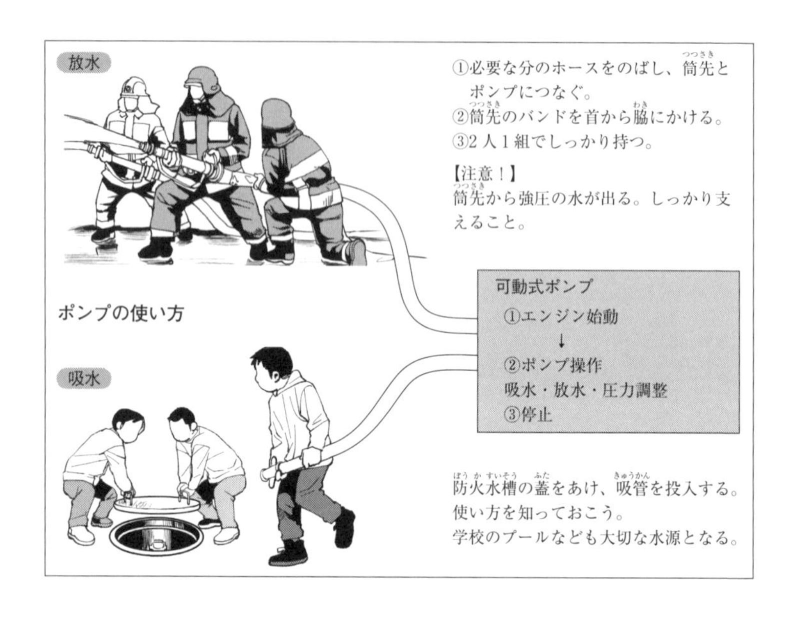

・消火栓を使用するので、動力不要。
・1分間に100リットルの放水が可能。
・軽量で操作が簡単。
・保管場所は町会・自治会の会館や防災倉庫。

（4）可搬式消防ポンプの使い方

・防火水槽等から吸水し使用。
・1分間に130リットル以上の放水が可能。
・少人数でも操作可能。
・保管場所は町会や消防団の倉庫、学校。

(14) 応急手当の知識

心肺蘇生(そせい)とAEDの操作方法を覚えよう。
止血・骨折・捻挫、切り傷・やけどの処置もできるようになろう。

心肺蘇生とAED

①倒れている人の意識を確認。肩を軽くたたきながら「分かりますか？」と呼びかける。

②反応がなかった場合は、大声で助けを呼んで、119番通報とAED（自動体外式除細動器）を持ってきてもらう。

③呼吸（息）があるかを確認する。胸やお腹の動きを見て、呼吸（息）があるか10秒以内で調べる。

④呼吸（息）がなかったら、心臓マッサージ（胸骨圧迫）を行う。胸の真ん中に両手を重ね、成人の場合は胸が少なくとも5センチ沈む程度の強さで圧迫する。1分間に100回のテンポで行う。

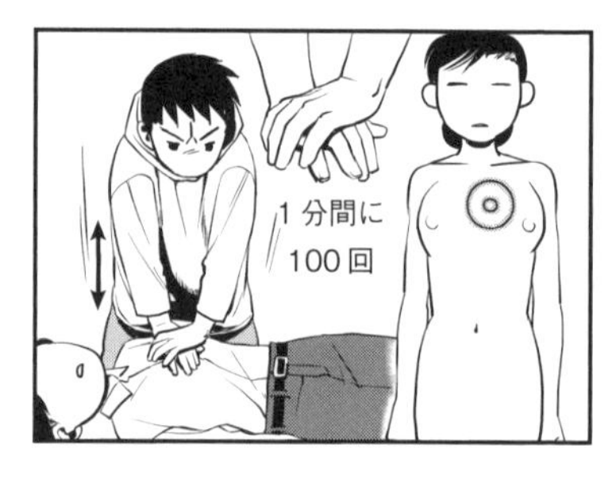

⑤人口呼吸をする。あごを上げて気道を確保。額にあてた手の親指と人差し指で鼻をつまむ。

※人口呼吸用マウスピースなどを使用しなくても感染の危険は極めて低いといわれているが、感染防止の観点から、使用し

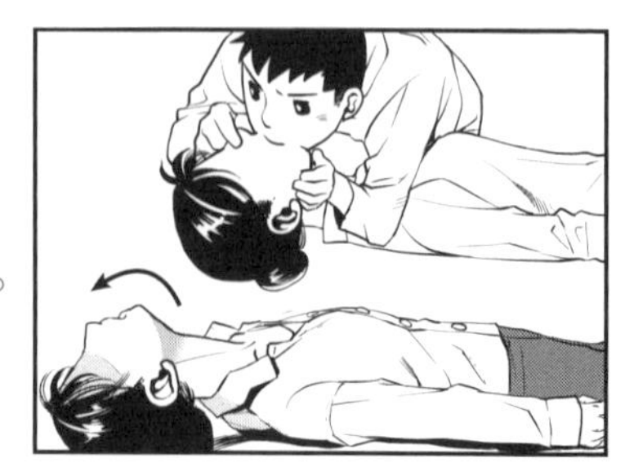

たほうがより安全である。

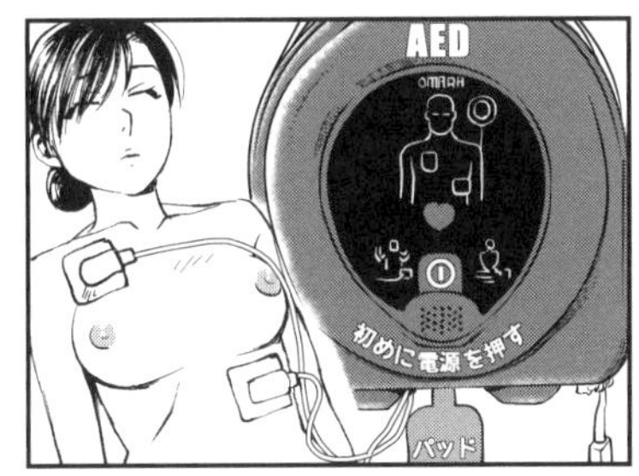

⑥AEDが届いたら、AEDの電源を入れる。電極パッドを胸に貼り、音声メッセージに従い、操作を続ける。

※人間は心停止から1分ごとに、救命率は7～10パーセント下がる。迅速な救急通報、迅速な心肺蘇生とAEDが、倒れた人の救命・社会復帰により大きく貢献するといわれている。

止血

①直接圧迫止血法

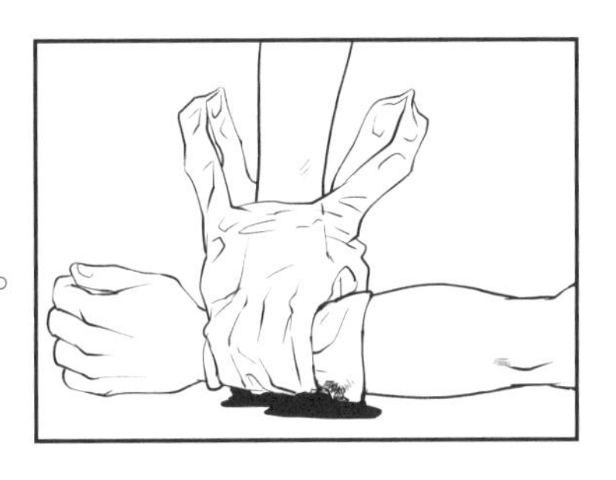

出血している傷口をガーゼや清潔なハンカチなどで直接強く押さえて圧迫する。包帯を少しきつめに巻くことによっても、止血することができる。感染予防のため、ゴム手袋やビニール袋などがない場合でも、買い物用袋やラップを必ず着用し、血液が付着しないように心がける。

②間接止血法

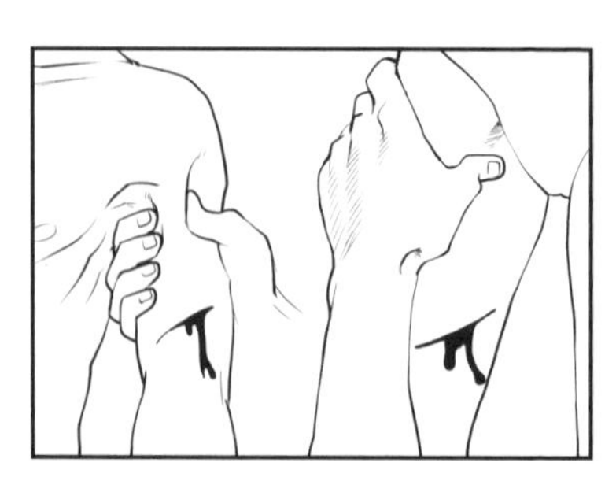

直接圧迫止血法での止血が難しい場合は、間接止血法を試みる。傷口より心臓に近い動脈（止血点）を手や指で圧迫して血液の流れを止める。その後、止血を緩（ゆる）めて循環させ、圧迫と止血を30分ごとに繰り返す。

大量出血は生命の危険も

人間の全血液量は体重の7～8パーセントで、体内の30パーセントの血液が失われると生命の危険がある。真っ赤な血が噴出するような動脈性出血は、すぐに止血が必要となる。毛細血管からの出血はほとんどの場合は自然と止まる。

骨折・捻挫

骨折した場合には、無理に動かさず、その場で応急処置を行うようにしよう。板や傘など、副木（そえぎ）になるものを探して、骨折した箇所が動かないように、上下の関節までをしっかり固定する。肩、肘、腕の骨折の場合は、指先が心臓より高い位置になるように三角巾で支える。

〈応急処置の手順〉

①骨折した部分を動かさないようにして、患者を安全な場所に移動させる。

②傷があれば、先に傷の応急処置をする。

③板、傘、雑誌、新聞、ダンボール、毛布、割り箸、定規など、副木に使えそうなものを探す。

④骨折部の上下の関節を含めて副木で固定する。

⑤包帯は副木が動かない程度に、きつすぎず、ゆるすぎず巻くのがコツ。

⑥三角巾がない場合には、風呂敷、スカーフ、ストッキング、ビニール袋、サランラップなどでも代用できる。

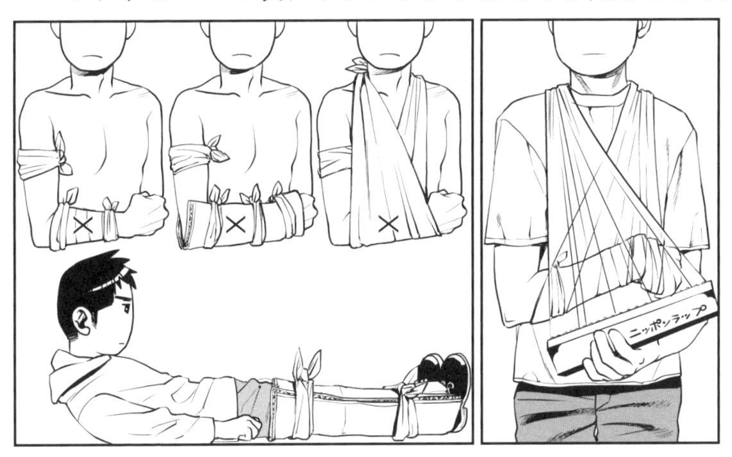

切り傷

傷口が土砂などで汚れている場合は、きれいな水で洗い流す。状況によって消毒液を塗る。自然に血が止まらないようなら包帯を巻く。少し深目の切り傷の場合は、滅菌ガーゼか清潔なハンカチで圧迫止血する。傷口を心臓より高めにすると止まりやすくなる。血が止まったら、ガーゼをあてて包帯を巻く。

やけど

応急措置として、

①流水（水道水を流しながら）でも、氷水でもよいので、とにかく冷やす。

②冷やす時間は、最低20分以上。

③衣服などは無理に脱がさず、服の上からそのまま冷やす。

④水ぶくれ（水ほう）はつぶさない。

⑤受診するまでは、何も塗らない。

※やけどの範囲が広い場合は、冷やし続けると、低体温になる危険があるので注意が必要。

※化学薬品によりやけどをした場合には、身体についた化学薬品を水で洗い落とす。衣服や靴などについている場合にはすみやかに廃棄する。

(15) ロープの活用法

災害時に役立つロープワーク。
ロープ１本が生死を分けることがある。

大規模な災害時には、住民がお互いに助け合い（共助）、負傷者などの救出や応急手当が適切に行えるよう資器材の取り扱いや基本的な救護法を訓練しておくことが必要だ。特に災害時の救出・救助用品の備蓄アイテムとして、ロープは欠かせないものである。

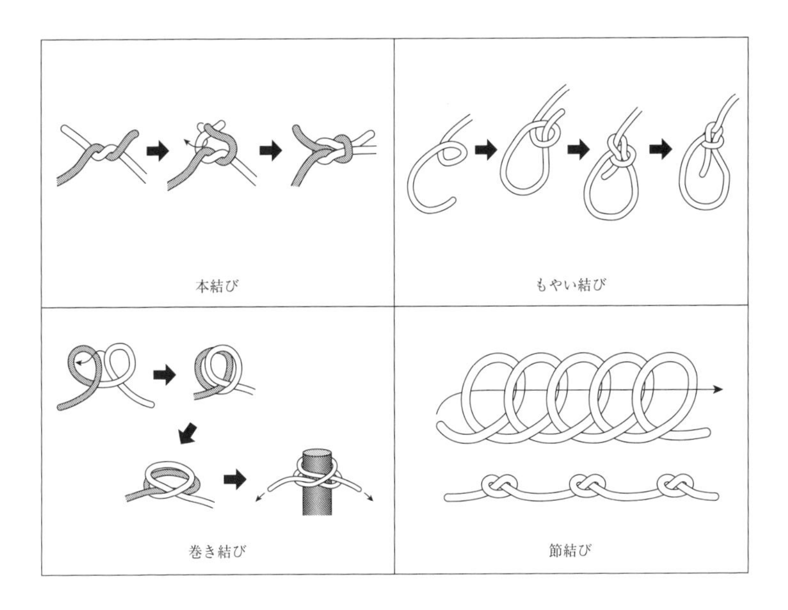

キャンプなどでテントなどを設営するときは、必ずロープ技術が必要となる。さらに生きるすべてを最小限の道具で過ごさなければならないようなサバイバル状況下でも、ロープワークが生存の鍵となる。日ごろから身につけておきたい技術がロープワークである。

ロープの結び方の種類は、本結び、もやい結び、巻き結び、節結びなどがある。

※ロープは、ナイロンまたはクレモナ製で、太さ10～12mmくらいのものが取り扱いに便利。練習するときはどんな太さのロープでも構わない。

兵庫県南部地震の翌日の住民によるロープを使用しての救助活動（神戸市消防局）

災害時のロープ活用例

①倒壊家屋の柱や転倒した家具を動かしての救助。

②火災時の高所からのロープ伝いの脱出。

③洪水のときの濁流からロープ伝いの脱出。

(16) 災害時の救出・搬送訓練

72時間が勝負である。何を使って救出するのか。クラッシュシンドロームに注意し、知っておきたい様々な搬送要領を知っておこう。

災害時、「黄金の72時間」という言葉がある。要救助者は72時間以内に助け出さないと、助かるはずの命も助からないという意味。

阪神・淡路大震災での神戸市消防局の救助活動によると、震災当日に見つかった生存者は486人で生存率80.5パーセント、2日目は、救助された452人のうち生存者は129人で生存率28.5パーセント、3日目は救助された408人のうち生存者は89人で生存率21.8パーセントだった。しかし、震災から4日（96時間）が経過すると、生存率は一挙に5.9パーセントに、5日目には5.8パーセントに生存率が激減した。

ただし、上記の救助された人数はあくまでも消防による救助活動の数字であり、警察、自衛隊など公助による人命救助活動の初動はかなり遅れて本格化している。

一方、阪神・淡路大震災でガレキの下から救出された約1万8000人のうち約1万5000人（約80パーセント）が、発災直後に近隣の住民による懸命な救出活動によって助け出されている。

災害時の人命救助では、近隣の共助の重要性と、公助の初動が１秒を争うことを忘れてはならない。

閉じ込められた人の救出

救出要領

1. 閉じ込められている人に声をかけ安心させ、できれば人数などを聞き出す。
2. 角材などを用意しておき、ジャッキやてこを利用して、かぶさっているものを持ち上げ、できた空間に角材などを入れて支える。

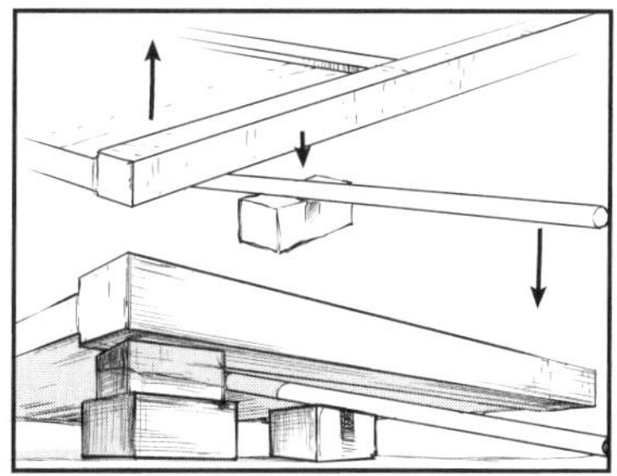

ワンポイントアドバイス

- 除去や破壊をする場合は、付近が崩れないように注意する。
- 支えに使う角材などは、できるだけ太くて亀裂が入っていない丈夫なものを使用する。

倒れたブロック塀からの救出

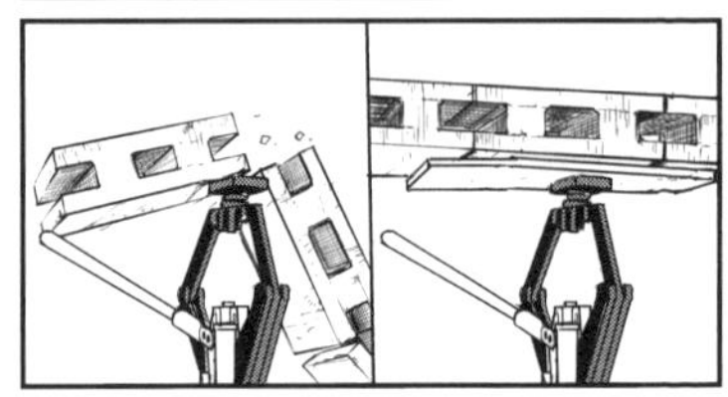

救出要領

1. バールや角材、鉄パイプなどをてことして使用して、隙間ができたらジャッキを入れ持ち上げる。
2. できた空間に角材などを入れて救出する。

ワンポイントアドバイス

- ブロックは壊れやすいので、てこの支点には使わない。
- ブロック塀をジャッキで持ち上げる場合、ブロックは壊れやすいので板などのあて物をする。
- 持ち上げる高さは、救出に最低必要な高さまでとし、すべりなどに注意する。

クラッシュシンドローム

がれきの中から救出されたときは元気でも、数時間後に急変することがある。阪神・淡路大震災では、がれきの下に埋まった状態から救出された人が、数時間経った後に症状が急に悪化し、死亡した例が多数ある。これが「クラッシュシンドローム（挫滅(ざめつ)症候群）」と呼ばれるものだ。

　クラッシュシンドロームは救出された直後は、症状が特にないケースが多く、重症でも分かりにくいため、見落とされてしまう場合が多い。
　以下の場合は、クラッシュシンドロームの疑いがあるので注意しよう。
①２時間以上にわたり腰、腕、足などががれきの下敷き状態であった。
②軽度の筋肉痛や手足のしびれ、脱力感などの症状がある。
③尿に血が混じり、茶色の尿が出る。
④尿の量が減る。

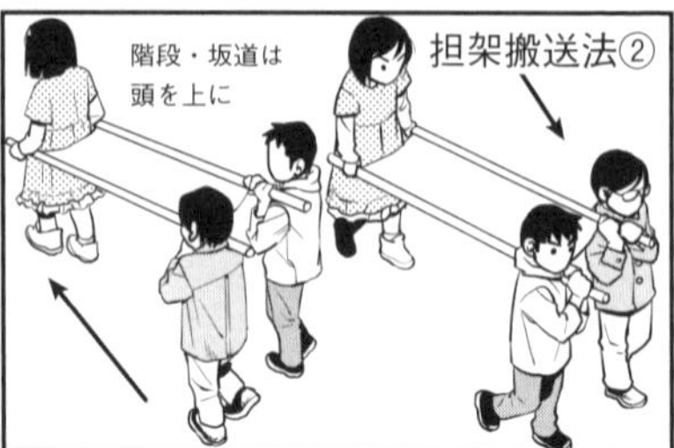

応急担架１（毛布を使う）

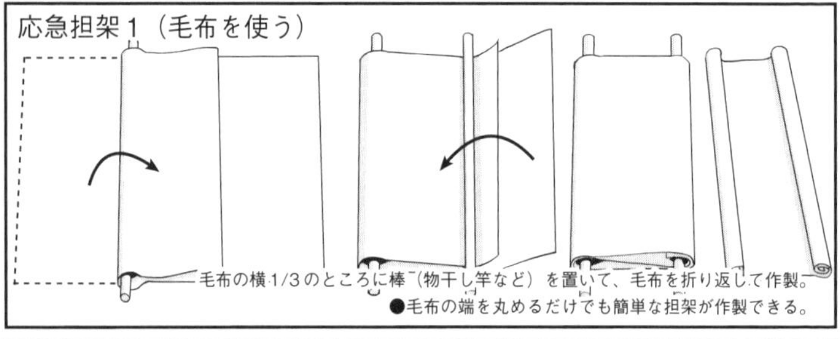

応急担架２（衣類を使う）

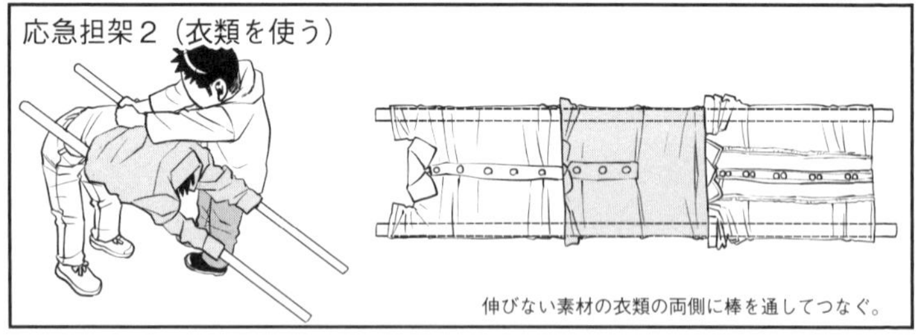

徒手搬送法
体の位置を
変える時などは
背後から
横抱き搬送では、
小児、乳児や小柄
な人に適している。
背負い搬送では、意識障
害、骨折、内臓損傷のあ
る傷病者には不適当。

2人で搬送する方法
傷病者の首が前に倒れる
恐れがあるので、気道の
確保に注意。
2名がお互いの
歩調を合わせ、
動揺を与えない
ようにする。

3人で搬送する方法
足側の膝をつき、頭側の
膝を立てて折膝をする。
両腕を傷病者の下に十分
入れる。
3名が同時に行動する。

第4章
移民侵略

そもそも移民とは何か

国連人口部は「出生あるいは主権を持っている母国を離れて1年以上外国に住む人」を「移民」と定義づけています。また海外では、帰化1世や難民、密入国者、オーバーステイも移民とするのが一般的です。

日本ではどうかというと、滞在資格が90日を超える中長期滞在者も事実上の移民として数えることができるでしょう。3カ月以上の在留資格を取る人のほとんどが、資格を更新しますので、事実上の移民予備軍となるわけです。

しかし日本政府では帰化1世の人口統計を取っておらず、密入国者に関する統計もあるわけがなく、移民の実態を正確に把握できているとは言い難い状態です。中長期滞在者だけでも、平成28（2016）年は237万880人でしたが、翌29（2017）年256万9026人と、約7.5%も増えています。

移民問題は「国民か外国人か」ではなく「本国人か移民か」

今まで日本人は、「国民か外国人か」という区別をしてきました。しかし移民が激増した今日では、これが問題を見えにくくしています。帰化した外国人も「国民」として扱うことになるからです。

日本には、帰化1世の議員が多数いますが、私たちは彼らが移民であることを意識することはあまりないと思います。しかし国籍は日本でも、帰化1世であれば「移民」です。世界ではそのように考え、移民の参政権には制限があるのです。「帰化」とは「帰属化」であるところ、国旗の授与も国歌斉唱も国家忠誠の宣言もない日本の帰化は帰属化することのない単なる手続きであって、国家の象徴をないがしろにする真に日本の仲間とは認め難い議員もいるので、「日本国籍を持っているから仲間じゃないの？」というわけにはいかないのです。

そこで、国連の定義に従うなら、日本の議員の中には「国民議員」と「移民議員」の２種類がいるということになります。そう言われて初めてハッとする方もいるでしょう。帰化１世の野党移民議員が現職、元職を含め存在することが確認されている上に、他国では辞職となる二重国籍でも大臣になれるし、現職のままで議席についていますが、果たして彼らは日本の国会議員といえるのか。日本のために働いているのかどうか疑わしい議員もいますがこれでいいのか？

もちろん、国籍問題にけじめをつけた与党議員のように、日本のために帰化し、国会議員になった議員もいます。一概に移民議員はよくないとは言いませんが、移民も帰化さえすれば国会議員にもなることができるという現行制度は、そろそろ見直す必要があるのではないでしょうか。

国会の中に移民議員がいることと、その人数が明らかになれば、国民ももっと真剣に移民問題について考えるようになるはずです。はっきりと区分することで、外国の侵略

を受けるなどの有事となったとき、誰が敵国側につくのかといった危機意識もはっきりしてくるのではないでしょうか。

外国人犯罪統計の壁

日本人と外国人を見分けようとしても、多くの人はピンと来ないでしょう。しかも外国人のほとんどは中国大陸か朝鮮半島から来ているため、「あの人は外国人だよ」と言っても「半島の人でしょ」みたいな感じになってしまいます。これは民間人に限った話ではなく、警察自体も今ひとつピンと来ないため、「来日外国人犯罪の検挙情況を公表しろ」と言っても、「でも在日でしょ」となってしまうわけです。

「外国人犯罪の検挙情況」「来日外国人犯罪の検挙情況」は出ているわけですから、単純に引き算をすればいいというのが、一部左翼側の主張です。しかし来日外国人に関する資料ほどの詳細な分析は不可能で、一般人の引き算資料

より公的機関の公表資料の方が信頼性があるのは明らか。本来警察がデータを取り、分析し、公表すべきものなのに、「非常に手間がかかる上、前例もきっかけもないから在日外国人の犯罪の検挙状況は出せない」というのが警察庁の回答です。

しかし、パソコンなどの性能が上がり、身分証の容易な偽造が可能になったり、海外などから多種多様な違法薬物が流入したり、ビットコインなど、現金以外の決済手段が発達したりするなど、いわゆる犯罪インフラの向上によって、外国人犯罪も今後さらに複雑化していくものと思われるため、中長期滞在者の犯罪傾向の把握なしに外国人問題を考えることはできません。

そういう状況にもかかわらず、警察庁のこの及び腰はどうかと思います。今後ますます複雑化、深刻化するかもしれない外国人犯罪に対処するためには、在日外国人の犯罪状況の正確な把握が不可欠なのは言うまでもないでしょう。

検挙人員別国籍別比較

全体		検挙総合			来日の検挙				在日の検挙			
国籍	滞在人口	滞在検挙人口合計	滞在検挙人口÷滞在人口	日本人を「1」	来日人口	来日の検挙人口	来日の検挙人口÷来日人口	日本人を「1」	在日人口	在日の検挙人口	在日の検挙人口÷在日人口	日本人を「1」
中国	654777	6338	0.968%	4.05	426919	4832	1.132%	4.74	227858	1506	0.661%	2.77
韓国朝鮮	501230	3876	0.773%	3.24	78705	796	1.011%	4.23	422525	3080	0.729%	3.05
タイ	43081	376	0.873%	3.66	24206	280	1.157%	4.84	18875	96	0.509%	2.13
フィリピン	217585	1324	0.608%	2.55	97452	803	0.824%	3.45	120133	521	0.434%	1.81
ベトナム	99865	1671	1.673%	7.00	85844	1548	1.803%	7.55	14021	123	0.877%	3.67
アメリカ	51256	278	0.542%	2.27	34804	209	0.601%	2.51	16452	69	0.419%	1.75
ブラジル	175410	932	0.531%	2.22	61901	482	0.779%	3.26	113509	450	0.396%	1.66
ペルー	47978	424	0.884%	3.70	13073	234	1.790%	7.49	34905	190	0.544%	2.28
外国人全体	2121831	17159	0.809%	3.38	1059337	10689	1.009%	4.22	1062494	6470	0.609%	2.55
日本人	125381113	299645	0.239%	1.00				1.00				1.00
日本全体	127064340	316804	0.249%	1.04								

参考資料として拙著『在日特権と犯罪』から、本邦初公開となった在日外国人犯罪に関する資料を一部引用します。平成26（2014）年に検挙された「来日」「在日」外国人の国籍別と、日本人の総人口における検挙者の割合を「1」とした場合の外国人検挙割合の比較、さらに「来日」「在日」外国人別に、平成26年までに殺された日本人の数と殺した外国人の数に関するデータを、警察庁から個別に入手しましたのでご覧ください。（詳細は拙著にて）

なおこの資料は、衆議院議員の長尾敬先生を通じて、警察庁にリクエスト、統計化したもので、前例を覆していただいた貴重な資料です。

日本の総人口の50分の1はすでに移民

予備軍も含む移民が約256万人ということは、総人口約1億2500万人に対して、約50分の1は移民ということに

○ 来日外国人による殺人事件検挙状況（日本人被害・既遂のみ）

No		主たる被疑者の国籍等	共犯形態	被害者数合計（死者数）
				42
1	平成17年（6件）	フィリピン	単独犯	1
2		バングラデシュ	単独犯	1
3		中国	単独犯	1
4		ナイジェリア	単独犯	1
5		ナイジェリア	単独犯	1
6		ペルー	単独犯	1
7	平成18年（2件）	フィリピン	単独犯	3
8		中国	単独犯	1
9	平成19年（6件）	中国	5人組	1
10		中国	単独犯	1
11		中国	単独犯	1
12		韓国・朝鮮	単独犯	1
13		イギリス	単独犯	1
14		アメリカ	単独犯	1
15	平成20年（10件）	ネパール	単独犯	2
16		中国	単独犯	1
17		中国	単独犯	1
18		中国	単独犯	1
19		中国	単独犯	1
20		中国	2人組	1
21		中国	単独犯	1
22		中国	単独犯	1
23		韓国・朝鮮	単独犯	1
24		イギリス	単独犯	1
25	平成21年（4件）	フィリピン	単独犯	1
26		中国	単独犯	1
27		中国（台湾）	単独犯	1
28		ブラジル	単独犯	1
29	平成22年（5件）	中国	単独犯	1
30		中国	単独犯	1
31		中国	2人組	1
32		韓国・朝鮮	単独犯	1
33		クロアチア	単独犯	1
34	平成23年（2件）	フィリピン	単独犯	1
35		パキスタン	単独犯	1
36	平成25年（2件）	中国	単独犯	1
37		中国	単独犯	2
38	平成26年（1件）	フィリピン	単独犯	1
	合計38件			

注1　共犯者の国籍については、必ずしも主たる被疑者の国籍と同一とは限らない。
　2　共犯者については、必ずしも全員が検挙されているとは限らない。

○ 在日外国人による殺人事件検挙状況（日本人被害・既遂のみ）

No		主たる被疑者の国籍等	共犯形態	被害者数合計（死者数）
				43
1	平成17年（6件）	中国	単独犯	1
2		中国	2人組	1
3		韓国・朝鮮	単独犯	1
4		韓国・朝鮮	単独犯	1
5		韓国・朝鮮	2人組	1
6		韓国・朝鮮	単独犯	1
7	平成18年（2件）	中国	単独犯	2
8		韓国・朝鮮	4人組	1
9	平成19年（5件）	韓国・朝鮮	単独犯	1
10		韓国・朝鮮	単独犯	1
11		韓国・朝鮮	単独犯	1
12		韓国・朝鮮	単独犯	1
13		韓国・朝鮮	単独犯	1
14	平成20年（4件）	韓国・朝鮮	単独犯	1
15		韓国・朝鮮	単独犯	1
16		韓国・朝鮮	単独犯	1
17		韓国・朝鮮	単独犯	1
18	平成22年（3件）	韓国・朝鮮	単独犯	2
19		韓国・朝鮮	単独犯	1
20		韓国・朝鮮	単独犯	1
21	平成23年（5件）	フィリピン	単独犯	1
22		韓国・朝鮮	単独犯	1
23		韓国・朝鮮	単独犯	1
24		韓国・朝鮮	単独犯	1
25		韓国・朝鮮	単独犯	1
26	平成24年（3件）	フィリピン	単独犯	1
27		スリランカ	単独犯	1
28		韓国・朝鮮	単独犯	1
29	平成25年（8件）	韓国・朝鮮	単独犯	1
30		韓国・朝鮮	6～9人組	1
31		韓国・朝鮮	6～9人組	1
32		韓国・朝鮮	6～9人組	1
33		韓国・朝鮮	6～9人組	1
34		韓国・朝鮮	2人組	1
35		韓国・朝鮮	単独犯	1
36		韓国・朝鮮	単独犯	1
37	平成26年（5件）	韓国・朝鮮	単独犯	1
38		韓国・朝鮮	単独犯	1
39		韓国・朝鮮	6～9人組	1
40		ブラジル	単独犯	1
41		ブラジル	単独犯	1
	合計41件			

注1　共犯者の国籍については、必ずしも主たる被疑者の国籍と同一とは限らない。
　2　共犯者については、必ずしも全員が検挙されているとは限らない。

なります。ただし、外国人人口は地域較差も、大きくこの数字には難民、密入国者、オーバーステイは含まれていませんので、国連の基準に則(のっと)れば、もっと比率は上がるのではないでしょうか。

すでに日本は移民社会になっているとみるべきでしょう。

もちろん移民すべてが危険ということではありません。私たちが気をつけなければいけないのは、犯罪分子と反日分子ですが、これらには、ちょっとした違いがあります。犯罪分子は反社会的な、人に迷惑かけても別に構わない、自己中心的な人たちで、反日分子は、文字通り「反日」を目的として行動する人たちです。犯罪分子は文字通り一般的な（という言い方もなんですが）犯罪者、反日分子は、例えば愛国心や忠誠心から、あるいは母国の機関からの報酬などを目的に、仕事として破壊活動をやる工作員というように分けることができます。どっちも日本人に対して害ですが、ここは区別が必要です。

スパイ防止法のない日本

また、中国、韓国朝鮮系の2世、3世が多いエリアでも、彼らは日常から日本語を話しているため、外国人と認識しずらい状況にあります。そう考えると、50人に1人は移民という状況の中、危機管理はどうなるのか？　という疑問や不安が湧いてくるのも当然。そこに反日分子が入り込んでいたとしたら……。考えただけで恐ろしくなりますね。

特に外国籍のまま、世襲で滞在資格を認められている特別永住者（内99％は韓国朝鮮人）らは、日本語を普通に話し、街中を歩いています。しかし日本にはスパイ防止法がありません。G7の中でもスパイ防止法がないのは日本だけです。「特定秘密保護法があるだろう」という人もいますが、スパイ防止法とはまったく違うものです。

「秘密」とする事項をどのように指定するのか、指定された秘密をどう管理するのか、また秘密を管理する人員の基準、秘密を管理するものが不法に情報を漏らした場合の処罰をどうするのかなどが定められているだけで、スパイを処罰する根拠はまったくありません。「日本国内の秘密に接してもいいよ」と許可された人が秘密を洩らした場合に処罰するための法律であって、外国から日本に来て情報を持ち出した人を処罰する法律ではないのです。

また通称「盗聴法」とも呼ばれる「犯罪捜査のための通信傍受に関する法律」は、文字通り犯罪捜査のために、通信を傍受できる、はずの法律なのですが、警察官が盗聴器をしかけたら、30日以内には証拠となる会話が録れなくても通信を傍授していた事実を通知しなければいけない（延長可）。

こんなのまぬけもいいところです。「盗聴しました」なんて言われたら、誰だってその後は警戒するじゃないですか。人権派の一部は「国家に監視される」「私生活が盗聴される」と騒いでいましたが、警察はそんなに暇ではありません。

中国人に乗っ取られていく仕組み

中国人が増殖する仕組みについて集合住宅を例に説明しましょう。まず彼らの誰か1人が開拓者となって部屋を借ります。そこが1人契約の部屋なのに2人、3人……と同居する。そのほうが1人あたりの家賃負担が安くなるからです。しかし日本語より甲高い声で会話する中国人は1人増えてもうるさく感じるのに、2人、3人と集まると余計うるさく感じるため、うんざりして退去する日本人が出ます。

そうして空き部屋ができると、中国人たちは知り合いにその部屋を紹介するようになります。面子を重んじる中国人は、誰かに頼られることを、ステイタスにするところがあるため、「どっか部屋空いてない？」という相手には、「俺のすごいところを見せてやる」とばかりに知人にツテを求め、知り合いの大家がいれば掛け合います。そして同じように1人契約の部屋に2、3人で住み着くのです。

そうするとさらにうるさくなり、日本人が嫌になって退去して、また中国人が入居する。そういう連鎖が拡大していくのです。

これは中国人やそのコミュニティ増殖の原動力といってもいいかもしれません。日本人の人物評価のような「まじめな人」「やさしい人」かどうかよりも誰と、何人と、どんな人脈を持っているかが問われますので、中国人が集まり始めるとすぐに大きな集団になるわけです。「あいつすごいんだよ、知り合いにこんな人がいて」というのが中国人社会のステイタスで、それが商売にも結びついてくるからです。

民泊の客が帰国しない

「民泊」という言葉をここ4、5年ほど前から耳にするようになりました。今年（平成30〈2018〉年）6月から施行された「住宅宿泊事業法」を元に、民泊は届出制で開業できるようになりました。その前は「ルームシェア」といわれていましたが、私が刑事を退職した15年ほど前には、まだその言葉さえありませんでした。しかし、私がまだ北京語通訳捜査官だった20世紀末ごろから、密航者の多い中国人や不法滞在者の多い韓国人により「ヤミ民泊」が行われていたのです。

東京オリンピックを控え、首都圏では建設労働者が不足し、海外から、もちろん中国からも多数の労働者がすでに国内に入っているでしょう。彼らもこうした民泊を利用していると思われます。しかし、建設関係に求人が集まるのはオリンピック開催前までで、開催中は観光案内や滞在のサポートといった語学力を伴うビジネススキルを備えた人材が必要とされるなど、オリンピックに関連する労働需要も変化します。

しかしオリンピック終了後、語学力を伴うビジネススキルを備えた人材も淘汰されていきます。彼らがそのまま帰国してくれればいいのですが、そう簡単にはいかないでしょう。一度日本で快適な生活を送れば、母国に帰りたくないという人が出てきてもおかしくありません。

そのときも民泊が彼らの拠点となる可能性があります。民泊仲介サイトのAirbnbでは、身分確認のための個人確認と登録を行っていますが、安い宿ではそれを必要としていない場合も多く、実態をつかめない部分も多いのです。

外国人自身が民泊のオーナーとなっているケースや、風俗マッサージ店が閉店後もベッドを利用して民泊化するケースもあります。東京オリンピック関連に限らず、無届けの民泊が中心になってオーバーステイの隠れ蓑になる可能性があるとみるべきでしょう。

日本人対中国人という図式

さて、これまでは、中国人は同じ地方出身の者同士、例えば上海人なら上海人同士で仲良くなるというのが一般的で、上海人と福建人が仲良くなるようなことはあまり聞いたことはありませんでした。違う地方の出身者同士だと、喧嘩になってしまうからです。しかし中国人全体の数が増えたこともあって、違う地方出身者が同じ職場などにいることも珍しくなくなり、出身地が違っても仲良くなるケースも出てきているようです。私の知る範囲でも、仲のいい上海人と福建人がいました。

こうした例は今後増えるかもしれません。警察もこれまでは異なる外国人同士は対立していることを前提に情報収集なども行ってきましたが、彼らが日本国内でまとまると日本人対外国人の図式になってしまいます。そうなるとこれまでのやり方が通用しなくなるだけでなく、日本人社会と中国人社会の間の溝が深まる恐れも出てくるでしょう。

犯罪組織とも抵抗なく結びつく中国人

彼らの日常の中には偽造旅券や偽造在留カード等犯罪組織に関わる要素が普通に入り込んでいるため、困った事があるとこうした違法なサービスを簡単に受け入れてしまいます。例えば「オーバーステイになっちゃった、どうしようかな」と言えば、「知り合いに偽物の外国人登録書作ってくれるとこあるよ」となるわけです。

日本人だと、犯罪組織と結びつくことなどとんでもないことですが、彼らは日本人のような順法精神は持っておらず、特に旅券などの偽造や著作権を無視したコピーなどに見られるように、被害者が見えず利得があればそれを選びます。単に言葉が違うといったことだけでは説明がつかない違いがあるということを意識する必要があるのです。

偽物の外国人登録書を作る知り合いがいるようなことも、普通に会話できるどころか、ステイタスにさえなってしまうのです。「政治家から犯罪者まで、俺はいろんな人脈を持っている」ことは頼りがいがあるということなのです。日本人なら、絶対に分別すべきところですが、中国は昔から、『水滸伝』の梁山泊のように、山賊が政治家にステップアップする社会です。スタートが山賊というのも何ですが、彼らは最初からきれいである必要はないと考えているようです。社会がそういう構造ですので、きれいなままでは出世しにくいのです。

人口侵略の実態

現在、国際結婚の7割は日本人男性と外国人女性の組み合わせで、さらに外国人女性の4割が中国人です。後継者問題を抱える農村部でも、中国人配偶者が増え続けています。北海道を例に見てみると、北海道では住民登録する中国人の男女比が1：2。女性が男性の倍となっています。彼女たちの多くは、日本人独身男性の配偶者となり、その多くが10歳以上離れた年の差カップルです。

どう考えても旦那のほうが15年くらい先に死んでしまい、中国人の奥さんとハーフの子供が残されることになります。そうなるとその土地に馴染めなかった奥さんが、農地や家屋を全部処分して、子供を連れて帰国してしまうことも十分考えられます。

中国人のケースではないのですが、山形県の戸沢村では、村の男性の配偶者に多数の韓国人女性を迎え入れた結果、夫と死別したり、離婚したりして残された韓国人の奥さんたちが、キムチを地場産業にしようということになり、道の駅が丸ごと韓国風になってしまいました。

安易に外国人配偶者を求めると、結果的に村が乗っ取られたり、あるいは棄てられたりしてしまうこともあり得るということです。

しかし、北海道にしても山形県にしても、彼女たちが乗り込んできて村の独身男性の配偶者に収まったということではありません。結果的には人口侵略、文化侵略のような形になってしまいましたが、日本人が望んで呼び寄せた人たちです。

農村に限らず、冒頭でお話しした都市部の集合住宅にしても、空き部屋を出したくない大家さんが、中国人に部屋を貸したのが始まりであって、ある日突然国際窃盗団のような連中が押しかけてきたわけではありません。コンビニや居酒屋のアルバイトもそうです。

また中国の進出が著しいとされている沖縄も、実は台湾人も多く入ってきていて、見分けがつかず、よけいに不安に思っている人もいるようです。中国が脅威であることは当然なのですが、恐怖心が増幅しイメージが一人歩きしている側面もあります。

やはりここでも情報を多角的に正確に、そして冷静に読み取って状況を判断する必要があるということになります。

「民間防衛」と「民間外患誘致」

中国人に限らず、生活保護や健康保険など、本来日本人のためにある社会福祉制度が外国人に悪用、あるいは便乗されているという問題があります。しかしこれも日本政府が「この福祉政策、外国人に転用してもいいですよ」ということで普通に使っていて、それが定着している。もちろん問題のある形で始まったものもありますが、それを追認しているのは日本人の側です。

それを侵略というのが適切でしょうか。日本人側が自ら彼らを呼び込んでいるのです。最近問題となっている自治基本条例も、日本人自らが自治体に外国人を介入させる条例で、地域住民が無関心である情況を利用して、左翼活動家が提起し、最終的には条例になっているのです。この情況、私は民間の「外患誘致」だと思います。外患誘致というのは、本来外国の軍隊を呼ばないと成り立たない死刑相当の罪ですが、結果的に反日を国是とする国から、人口侵略、文化侵略に繋（つな）がる一般人を呼ぶというのは、民間の非戦闘的な外観誘致。つまりその民間版をやっているということです。「民間防衛」の対語として「民間外患誘致」があり、私たちはそれを直接間接的にやっているということを覚えておいていただければと思います。

そして最後にこの「民間外患誘致」を阻止するために我々ができることとして、選挙での投票行動があることも申し上げておきます。選挙で候補者が外国人犯罪や民間外患誘致についてどのように考えているかを、候補者を選ぶ基準に加えていくことで、政治に対して意思表示をすることができるのです。もし候補者が、このことに触れていないのであれば、自ら移民侵略を招き入れることのない投票を行うためにもぜひ有権者の１人として候補者に尋ねてみてください。

国防動員法に関わる動きから目を離すな

1. 中国共産党成立 100 周年

2020 年は東京オリンピック、ではその前後に何があるか、ご存知でしょうか？　2019 年は中国建国 70 周年、2021 年は、中国共産党設立 100 周年なのです。

国家主席はこの時、この記念すべき年にふさわしいプレゼントをメンツをかけて準備します。また各級党幹部たちは、この日に上司の覚えめでたくあろうと、与えられた課題を上回る出来の功績を残そうとします。

私はこの日に習近平（しゅうきんぺい）が「国益の核心」とまで言う尖閣諸島に関し何らかの記念すべき業績をアピールすると思うのですが、これが軍事的な動きであれなんであれ、おそらくその前に発令されるであろうと思われるのが、国防動員法。

まず、この法律の要点として、「保護法益」つまりこの法律によって「中国が守ろうとしているものが何であるのか」を知る必要があります。第８条によると、この法は国家の主権、統一、領土の完全性及び安全が脅かされたときに発令されるものであることが明らかです。具体的に言うなら

「主権」として、

①クーデターによる政府の転覆（てんぷく）活動

「統一」としては、

①台湾、香港などの独立運動

②少数民族の反乱、反共産党運動

などが挙げられます。

また「領土」としては、南・東シナ海などの中国が領有を主張している島々での他国の主権維持行動が挙げられますが、当然我が国が領有を主張している尖閣諸島やその近海に関しても、その帰属を巡っては国防動員法が発令され

る可能性は十分にあると見て間違いないでしょう。

動員の種類は第8条によると、全国総動員と部分動員の二種類がありますが、その前の第5条には、公民及び組織は、平時には法により国防動員準備業務を完遂しなければならないと定められています。

つまり、二種類のうちのいずれかの動員がかけられてから、つまり発令されてから効力を持つのではなく、この法律は発令時には素早く目的を達成するため普段からぬかりなく準備することを義務付けています。

さらに第16条では「国防動員実施準備計画及び突発性事件応急処置準備計画は、指揮、力の使用、情報、及び保障等の面で互いに連携しなければならない」とし、この法律を発動動員し目的を達成するための動員対象としては、第49条に「満18歳から満60歳までの男性公民及び満18歳から満55歳までの女性公民は、国防勤務を担わなければならない」と規定されています。

一応徴用免除者が明記されていて、社会福祉に従事する人々などが含まれていますが、免除を受けるものとしては外国居住者は含まれていないのです。この部分こそがこの法律の存在を知る人々の最も関心の高い部分であり憂慮すべき部分であるわけで、簡単に言うなら海外にいても特定の組織から破壊活動の実行命令を受ければ、これに背くことはできないということでもあるのです。

実際に2008年に行われた北京オリンピック開催に伴い

実行された長野聖火リレーでは、中国大使館教育部の指示を受けた各大学の「中国人留学生学友会」が学内の中国人留学生に動員をかけて、たくさんの大型バスをチャーターし、また色目も統一された大きな五星紅旗や旗竿を多数揃え、長野の街に5000人とも1万人とも言われる中国人留学生を集結させ、これに対抗した日本人保守派や他の外国人を頭数で圧倒、駅前をほぼ占拠して大騒ぎしたのです。

しかもこうした動員は世界各地の聖火リレー通過都市で実施され、他国では日本よりはるかにひどい被害を出しながら暴動のような様相の中を平和の祭典の聖火が通り抜けたのです。中国はこれによって世界各年での動員が可能であることを確認し、その2年後の2010年の全人代において同法が可決、同年7月1日の共産党設立記念日から施行しています。

つまり一度発令されれば、日本の各都市、特に動員対象となった中国人が参集しやすい地方都市駅前などが中華サル山状態になったりするのはもちろん、長野にあれだけの大量の大きな旗や旗竿をメディアに察知されることなく現地に持ち込むことができたことから、場合によっては発令前における爆発物などの運搬、受け渡しも可能。動き出しにくいであろう在日中国人、特に正規滞在者である学生を焚きつけるため、発令と同時に景気付けに派手なことをやる可能性だって考えなければなりません。なぜなら発令前ならもし誰か捕まったとしても、中国側はその責任を負わずデメリットを回避することができるからです。むしろ成功した場合のメリットのほうが大きいでしょう。

警察がこの全てを把握することは難しいはずで、中国側は発令と同時に所定の行動が実行に移され、効果を出すことができるのです。そしてこの計画を実行し我が国に被害を与えて、まんまと逮捕を免れ帰国できた場合、中国側ではこの犯人を国家主権維持のため活動した英雄として逮捕せず、引き渡しに応じないことは明らかです。

一般的に「国防動員法」といえば具体的に心配されるのはこのあたりの話。でも問題はもっと根が深いのです。

2. 人民の勝ち組・中国共産党の狙い

国防動員法では、動産・不動産・人員が自由に徴用できる、と言われていますが、具体的に彼ら権力者たちが発令時に徴用して良いものとはどんなものなのか？　同法54条には、この法律が示す民生用資源として、「組織及び個人が所有し又は使用している、社会生産、サービス及び生活に用いる施設、設備及び場所その他の物資をいう」と定められています。

逆に言うならこの法律は、有事に法律として権力者が全ての物資と労働力を収奪できる根拠と、これらを私用できる法の穴を条文により作っているのです。ちなみに、彼らが中国内の日本企業から収奪したいもの、つまり有事において価値のあるものとは何でしょうか？　「国家発展と改革委員会」が2017年初旬に発表した「戦略性新興産業重点生産品とサービス指導目録2016年度版」には、以下の8つが挙げられています。

①新世代情報技術産業
②ハイエンド装備製造産業
③新素材産業
④バイオ産業
⑤新エネルギー自動車産業
⑥新エネルギー産業
⑦エネルギー環境保護産業
⑧デジタルクリエイティブ・インダストリー
⑨関連サービス産業

法の運用については、その法そのものだけでなく、これを運用する者の国民性を考えるべきです。中国国内の現状を踏まえた上で予測するなら、地方の有力者はまずこれらに関わる物資や情報を、発令前に抑えこむ根回しをし、発令と同時に徴用し、上級機関や有望なツテのある有力者にこれらを上納します。特にサービス指導目録に具体的に示されているような情報についてはポイントが高いため、現地日本企業はまっさきに施設や人材を徴用されるでしょう。そして発令解除後は、覚えめでたくその人脈を利用して出世することを目論むはずで、一見党に対する忠誠心の表れのように映る彼ら有力者のこうした習性こそが、この動員法実施の原動力となるのです。ちなみに同法35条には、

「戦略物資の調達使用は、国務院及び中央軍事委員会がこれを許可する」

としていますが、第55条には、

「いかなる組織及び個人も、法による民生用資源の徴用を受忍する義務を有する。」

とされ、

「県級以上の地方人民政府が統一的に徴用を行うものとする」

とされますから、第56条に規定された徴用免除品、つまり、

「個人及び家庭生活の必需品および住居、託児所、幼稚園、孤児院、養老院、障害者リハビリテーション機構、救助ステーション等の社会福祉機関が児童、老人、障害者及び救助者対象に保証する生活必需品及び住居、法律及び行政法規が規定する、徴用を免除するその他の民生用資源」

以外は全て「徴用」という名の収奪の対象となります。

とは言え、上記除外物資についても現在ですら日常的に警察の強制力を伴った徴収が行われており、生活必需品をおいてある家ごとブルドーザーで潰され土地を奪われた農民たちが各地で暴動を起こしているのが現実。

つまり、除外品に該当するか否かにかかわらず、また関係機関の運用管理にかかわらず、おそらく実質的には全てが徴用の対象となり、同法の存在自体知らずその内容を読めず（中国人は結構文盲が多い）理解できない多くの人民

は、これに泣き寝入りするか暴動を起こして被害回復を目指す以外に道はありません。

またこの徴用は、実際の戦争や災害時だけに行われるものではありません。第59条には、

「中国人民解放軍の現役部隊及び予備役部隊、中国人民武装警察部隊並びに民兵組織が軍事演習及び訓練を行い、民生用資源を徴用し又は臨時に管制措置をとる必要がある場合には、国務院および中央軍事委員会の関連規定に従い執行する」

と定められていて、演習や訓練に際しても発令が可能。

そんな基準で強制的徴用が行われても暴動を最小限に抑えるよう、第62条では、以下のようにプロパガンダの徹底を定めています。

「各級人民政府は、各種の宣伝メディア及び宣伝手段を利用して、公民に対し愛国主義及び革命英雄主義の宣伝教育を行い、公民の愛国の熱意を呼び起こし公民の積極的な参戦及び前線支援を鼓舞し、多様な方法により軍の支持、軍人の家族の優遇及び慰問活動を行い、国の関連する規定に従い、軍人の補償優遇業務を遂行しなければならない」

「報道・出版、ラジオ・映画・テレビ及びネットワークメディア等の組織は、国防動員の要求に基づき、宣伝教育及び関連業務を遂行しなければならない」

つまり情報操作は「遂行しなければならない」という義務として実施されます。

こんな露骨な情報操作を法的に定めて恥ずかしくないのかと思うのですが、善なるものが正しいのではなく、勝者が正しかったとされる中国ですから、敵国に、そして自国人民に勝つためには外見もへったくれもありません。それでこそ中国共産党であり、中国政府であり、それでこそ世界の覇者民族。そしていつの日か歴史を書き換えて世界史に輝く中華帝国を築くことができるのです。

3. 中国に発生する状況

国防動員法については、2021年に共産党設立100周年記念行事が行われることから、共産党がこの時に華を添えるため、成果獲得の前段階にこの法律を発令して、目標を達成しようとすることは明らかです。その時になって騒ぎ出しても、完全に手遅れなのです。

成果獲得に向けて本格的に動き出す前に、この法律の要点と弱点を明確にしましょう。まず特別措置として同法第63条に以下の内容が定められています。

(1) 金融、交通運輸、郵政、電信、報道・出版、ラジオ・映画・テレビ、情報ネットワーク、エネルギー及び水資源の供給、医療衛生、食品及び食料の供給、商業貿易等の業務に対し管制を敷くこと。

金融としては、攻撃対象国の偽札の製造や拡散も正当化されることでしょう。交通運輸としては、航空機の行き来を規制するため空港封鎖、船舶の海上封鎖、中国駐在の日本人の移動規制はもちろんのこと、郵政としては信書の検閲、留置き・廃棄も容認され、電信としては電話の盗聴、ネット規制、禁止ワード検索の分析など積極的な反体制派の割り出しも行われるはず。

また報道・出版としては根拠なき虚報による民衆扇動や事実の隠蔽はもちろんで、これを背景に、地元有力者による、本来不必要なはずの強制的物資徴用が加速して、ラジオ・映画・テレビによる戦争賛同プロパガンダの実施によりこれを受任すべき風潮が作られるでしょう。

また医療衛生は、軍人・党員が優先して受診できることとなり、ただでさえ病院が少なく医師の地位も低い中国では、金のない一般農民や特定対象国外国人に対する診察拒否が発生するでしょう。

当然商業貿易などの業務に関しても、特定の対象外国企業の業務停止、差し押さえ、協力強制が、現地駐在員家族を人質として行われることを覚悟すべきです。

⑵ 人の活動する区域、時間及び方式並びに物資及び運送手段の出入りする区域について、必要な制限を課すこと。

これについては特に対象外国人の外出や移動の禁止、対象外国企業の操業停止、自国民への外出範囲と時間の規制が考えられ、厳戒態勢下においてこれに従わなければ現場で処分されることもあり得ると考えるべきです。特に戦時下となれば人の移動停止と情報の封鎖は国家の安全に直結する問題ですから、中国政府側は特にこれに目を光らせ神経をとがらせていることを忘れてはいけません。

(3) 国家機関、社会団体及び企業・事業体において特殊な業務制度を行うこと。

具体的に言うなら、勤務時間の延長、変更、労働基準の暫定的見直しが実施されるでしょう。また、国家に貢献し国防のために貢献を求められて賃金がカットされることも想定に入れておくべきです。

(4) 武装組織のために、優先的に各種の交通を保証すること。

条文にするとかっこいいのですが、結果的にこれは「解放軍兵士や武装警察のわがままに従え」という解釈になるのは間違いなく、これらの組織を優先した高速道路の使用制限や使用禁止措置、航空管制、特定海域への船舶立入禁止などが演習を含めた発令時から正当化されます。さらにダメ押しで、この特別措置の仕上げをするのが、

(5) その他必要な特別措置

という項目。

つまり（1）～（4）に規定されていない内容であっても何が起こるかわからないので、これら「その他必要な特別措置」に従いなさい、ということ。この法律は権力者のわがままを実現する無敵の有事法制となるのです。

4. 処罰の対象となる人と行為

中国人と言うのは、民族性として罰則がなければ必ず脱

法行為の可能な穴を探します。「上有政策、下有対策」（お上が政策を取るなら、下々には対策がある）という中国のことわざはまさにこれを示していますが、そんな人民を従わせるには明確な罰則規定が必要なのです。第68条には「強制的に義務を履行させるもの」として、

(1) 予備役要員や招集予定要員が登録地から1ヶ月以上離脱すること
(2) 予備役要員や招集予定要員でありながら遅滞なく戻らない者、出頭しない者
(3) 招集及び国防勤務の拒絶・忌避者
(4) 民生用資源徴用拒絶者、徴用される民生用資源の改造妨害者
(5) 国防動員業務の秩序妨害者、破壊活動者

がその対象として規定され、第69条には「期限を過ぎても是正されない場合には、強制的に義務を履行させ、かつ過料に処する対象」となる行為として、

(1) 建設プロジェクトにおいて国防要求、設計、施工、生産の不履行
(2) 戦略備蓄物資の紛失、損壊、戦力物資徴用に不服従
(3) 要求に反して軍需品の科学技術研究、生産及び維持補修保証の能力の整備不履行、専門技術部隊を組織しない
(4) 専門保証任務の執行拒絶、または遅延
(5) 軍からの商品の発注拒絶、故意的遅延

(6) 民生用資源の徴用拒否、遅延、徴用された民生用資源の改造妨害

(7) 公民の招集妨害、国防勤務義務妨害

が定められています。また第70条にはもっと厳しい「直接責任を負う主管者その他の直接責任者を、法に従い処分する」対象となる行為として、

(1) 国防動員命令を執行しようとしない

(2) 職権乱用、職務怠慢による重大な損失発生

(3) 徴用される民生資源に対する登記及び証書発行をしない、規定に反する使用による重大な損壊、規定に従った返還若しくは補償の不履行

(4) 国防動員に関する秘密漏洩

(5) 職権乱用による公民または組織の合法的権益の侵害、損害

などを定めていますが、これらは同時に政敵を法に従い処分する良い口実として体制主流派にフル活用されることでしょう。

この「国防動員法」の施行は第72条に2010年7月1日から始まることが規定されています。つまり、動員発令はまだであるものの、その準備が義務付けられているわけです。ちなみに動員発令準備に関し怠慢が認められた場合の罰則はありませんが、常日頃から各地の有力者や党幹部、地方官僚などによる動産や不動産の公権力を利用した収奪は行われていますし、これに反抗すれば鎮圧されますので、

ある意味同法はすでに発動しているようなもの。

発動され法的根拠でこれ以上の収奪が進めば、暴動の多発と鎮圧行動の激化は避ける事ができません、習近平とその体制派はまさにその時のために人脈を固め、組織を構成強化しているとも言えるでしょう。

当然、発令されるより以前に発令されるという噂が広まった段階で、まず地元有力者による動産や不動産の私的徴用が増加しはじめます。逆に言うなら、この法律の名がメディアに出始めいずれ発令されるとなれば、多数の官僚や党幹部が我先に収奪できるものを確保しようとして根回しを始め、または先に押さえたりしますので、これに対してこれまで以上の暴動が発生するかもしれませんし、これを抑えこむための政府機関の実力行使も激化することでしょう。

5. 動員のタイムリミット

中国において中国共産党の設立は1921年7月1日。2019年は中国建国70周年、2021年は中国共産党設立100周年という記念すべき年であり、その7月1日までにはこのイベントを飾る何らかの「党の業績」が必要となるのです。その業績とは、具体的に言うなら人民が納得できる中国の誇りを世界に示すレベルのものであり、中国が認める権威、権力である必要があるのです。

しかしながら、その前年の2020年には共産党設立当初の「抗日戦争」の相手国だった隣国日本で、平和の祭典「東京オリンピック」が開催されます。その日本とのつながりの中で中国人民の溜飲を下げるのはなんといっても「国益の核心」とまで表現している尖閣問題での優位確定でしょう。

しかし、日本は五輪開催国としてオリンピックに近づけば近づくほど自衛隊による対応は難しくなります。中国側も残念（？）ながら現在威力配備はできても、戦争をするだけの経済的・政治的基盤がありません。

実際に防衛のための覚悟を行動で示す自民党安倍内閣を相手に、共産党の威信を落とすことなく尖閣を取るとなれば、できる時期、できることは限られてきます。つまり、「海上民兵」の組織づくりと活用です。習近平はこれまでの歴代国家主席のうち軍の視察は飛び抜けて回数が多く、海上民兵の視察もとても積極的です。

共産党とは全くの別組織団体が勝手に尖閣上陸を目指し、これに危害を加える日本を非難して、これを繰り返せば民間人の尖閣上陸など日本は放置するようになる……と考え、またそうなるように日本国内の世論を誘導できる工作員を配置し、もしくは言論人を誘導する可能性があります。

この過程において、もう少し政敵粛清を進め政治的地盤固めがある程度完了した場合、「偽装漁民」への日本の対応に反撃を加える事を名目として、国防動員法が発令される可能性があります。さらにこれをうまく使えば、

「隣国に戦争を仕掛けるような国がオリンピックを開催していいのか？」

という問題提起を世界に示すことで、日本の対処をくじき、面子を潰してオリンピック中止まで狙うことができるぞ！……と考えるのが「面子」にこだわる中国らしい攻め方ではないかと私は思うのです。

しかし中国には時間がありません。拡大する一方の環境問題は解決の糸口もなく、経済格差は解決するどころかこれをうまく維持しなくては指導層の優位や政治的安定が保てない。

しかし暴動弾圧や少数民族弾圧も人民の間にiPhoneなどの携帯端末が広がるにつれ、参加人員も警察官より早く現場に集まるし、その規模も拡大しています。

発令するなら政治基盤を盤石にして、できるだけ早めに実施したいところ。そう考えると、もういつ発令されてもおかしくないのです。

6. 日本側の事前対抗策

中国国内のみならず海外にまで恐怖を与えるこの国防動員法の発令に対し、日本側でその対策を取ることは可能でしょうか？

全く手がないわけではありません。そのひとつは、中国人民に同法の存在を広報することです。なぜなら、この国防動員法が発令された場合、危機に直面するのは日本人より先にまず中国人自身だからです。つまり、「党中央は有事のために、政府が人民と物資を強制的に徴用できる『国防動員法』という法律を制定していて、人民は今より厳しい状況に置かれる」ということを情報拡散するのです。特に、この法律の53条は使えます。同条には、

「国防業務の執行のために死傷した者には、当該地域の県級人民政府が『軍人補償優遇条例』等関連する規定に従い補償及び優遇措置を与える」

とありますが、ここに中国共産党側の小狡い言葉のマジックがあるのです。

補償及び優遇措置は死傷した者に与えられるのであって、その遺族は含まれていません。つまり、国防動員体制下での公務で怪我で済めば保証が受けられ優遇があるかもしれませんが、死亡した場合はその補償受取人は死亡した当人であり、遺族ではないのです。死亡した本人が優遇されても仕方ないでしょう？

ちなみにこの法律の中には死傷者に気遣う部分は複数出てきますが、遺族への言及は一切ありません。最近中国は日本よりも大規模かつ深刻に迫り来る一人っ子政策のツケを回避するため、条件を設けて二人までOKとしたようですが、第三子の出産は認められていません。この緩和は2014年の春から始まっているそうですが、これが労働人口、つまり国防動員法の対象年齢に達する満18歳以上となるまでは、あと14年が必要です。

その間、基本的には中国国内のどの家庭も息子が死んだらお家断絶（一人目が娘である場合は2人まで産んで良いのですが、第二子も女の子ならそれ以上の出産は認められていません）となります。当然息子の死に際してはお家断絶に見合った補償を受けなければ遺族は納得しませんし、動員法発令下でこれに関連して発生したその死者がまとまった数である場合、中国側には多数発生する遺族が納得出来るだけの補償額を準備することはできないのです。

これは、一人っ子軍隊である中国解放軍にとっては致命的。なぜなら一人っ子であるがゆえに、自分が死んだあとの親の面倒を誰が見るのかは、兵士一人ひとりの重大な関心事であり、国民年金制度がない中国においては、遺族年金が支払われないとなれば年老いた父母は餓死確定。

ではこの法によらずとも他の何らかのシステムで遺族年金は支給されるのか？　それは無理でしょう。死者が一人二人なら、プロパガンダとしてそれなりのお金を支払ったことを中国政府は公表し大々的に報道するでしょうが、これが100人、200人、あるいは軍艦が一隻撃沈してしまったり、艦隊が全滅したりとなれば、そんな遺族年金の財源は中国にはないのです。

それが明らかになり、遺族が騒ぎ出せば、反体制派、特に「大紀元」などのメディアとつながりの深い民主活動家が飛びついて大騒ぎします。つまり国防動員時にまとまった数の死傷者が出れば、自分の死後の親の生活を心配する解放軍兵士は戦地に行くどころか命令に従わず戦線離脱、と言うより勤務地を離脱して軍務を放棄しますので解放軍は各戦区の指揮系統が崩壊します。

国防動員される予備役や民兵、その他の人民だって、何らかの致命的事故の際の補償がなければ言うことを聞かないでしょう。死亡した場合の遺族について触れていないのは、こうした事情が明らかになるのを防ぐためではないかと思われます。

7. 発令の噂の真贋を見極めよ

さて、中華社会は情報が命。誰と誰が仲がいいとか悪いとかいう情報も、人脈と金脈で勝負する中国では大切な話なのです。だから噂も早いのですが、当然国防動員法が発令される前には、その噂が流れます。

平時でさえ人民の土地や財産の収奪が発生し暴動に発展している中国では、この動員法の発令は、地方政府官僚や党幹部による政治行政の私有化を加速拡大する口実となってしまう可能性があります。当然ながら、社会問題がより深刻になります。

まず、発令以前に「発令されるかもしれない」という噂が立った段階から権力者による収奪の根回しや徴用のフライングが始まります。ですから、噂が立った段階で中国政府は発令する以外、根回しやフライングをする党幹部たちの正当性を示すことができなくなり、発令は確実となります。

つまりきちんと発令して、彼らのしたことの正当性を示さなくては、ただでさえ暴動件数をうなぎ昇りにしている人民の不満を鎮めることはできなくなるのです。逆に言うと、フライング徴用をした幹部を逮捕・処分しないとオチがつかないのですが、なんといっても収賄が社会文化であるという、幹部全員が何らかの爆弾を抱えている政治体制なのですから（笑）、それは習近平体制を揺るがすスキャンダルになりかねません。

習近平に近い幹部やその直属の部下などがこうした根回しやフライング徴用を始めたなら、発令は確実で、その噂は本物。本物でなくても発令せざるを得ない状況が出来上がります。

特に習近平と良好な関係で信頼も厚い王岐山（おうぎざん）（中国共産党中央政治局常務委員、中国共産党中央規律検査委員会書記）、栗戦書（りつせんしょ）（党中央弁公庁主任）、解放軍では上将の劉源（りゅうげん）など（最近は周りを習近平人事で固めていますので他にもたくさんいますが）、彼らやその配下がそうした動きを見せた場合は注意が必要です。

発令されてから対応を考えていては手遅れです。発令と同時にこちらも対策を公表し実施しなければ、その時の情勢によっては発令の効果が直ちに日本国内に出現します。

そのとき、中国人はどのように動くか

中国人はすぐ長いものに巻かれます。長い！と判断したら、日本人を圧倒する早さでクルクルっと。こういう人たちが相手ですから、いざ有事というとき、中国人に「俺たちが暴れれば、日本人なんかおとなしく我慢するんだ」などと絶対に思わせてはいけません。もしそのように思わせてしまったら、暴徒と化した中国人を誰も止めることはできません。

さて、尖閣海域には、これまでいく度となく緊張が走っていますが、いよいよ有事が近づいてきたら、日本国内にいる中国人は、どのような行動に出るのでしょうか？

以下の兆候が複数認められたら、注意が必要です。

1　中国政府からの、中国駐在邦人帰国規制強化

2　日本の官公庁への組織的で明確なサイバー攻撃

3　中国行きもしくは外国に行く中国人旅客の激増

4　金価格（現物・先物）の急激な値上がり、もしくは銀行引きおろしの増加

5　大学内での中国人留学生の動向
特に一度にいなくなる、中国人だけで寄りかたまるなどの変化
学食内の様子を確認、注意

6　大使館、領事館への人や車の出入りの増加

7　不法滞在者の入管への自主出頭増加

8　沖縄華僑の出国

9　沖縄の一部の独立派・左翼・極左の上京、もしくは海外旅行
10　最近新出の国内中華料理店各店の一斉閉店、もしくは人員不足
11　フライング気味の親中議員や言論人による反戦人道論展開

……など。

こうした兆候を逐次把握するためにも情報収集は多角的に行い、民間レベルで共有することが不可欠となります。NHKや朝日新聞などのマスコミから流れてくるものに限らず、情報は鵜呑みにせず、利害関係に振り回されることなく、状況を正確かつ適切に分析し、判断することを常に心がけてください。それが生き残るうえでの重要なカギとなるのでしょう。

また、彼らの動きを牽制（けんせい）するうえで、自警団も効果的です。消防団による「火の用心」でもいい。通学路での子供たちへの声かけでもOK。彼らも判断の材料は普通の人間と同じですから、住民同士で地域を巡回し、挨拶し合うだけで、「この地域に他所者が入ってきたら、すぐに分かるだろうな」と警戒するようになるからです。

警察と民間が一体となって情報収集し、民間防衛に役立てることで、真の民間防衛を実現することが可能になるのです。

第5章
インテリジェンス

戦争よりも深刻な危機

危機は、自然災害や犯罪だけではない。

戦争、内乱、革命といった危機も考えておく必要がある。

戦争は、周辺諸国が日本に対して攻撃を仕掛けるか、日本が外国の軍事的挑発に乗った場合に起こることになる。

2017年、北朝鮮はミサイル実験を繰り返し、日本近海に着弾、大騒ぎになった。ミサイル攻撃を受けた際にどのように避難したらいいのか、いくつかの地方自治体も避難訓練を始めた。現行憲法では、ミサイルを防ぐことができないからだ。

よって、こうした戦争の危機に対応して自衛隊を置き、24時間体制で警戒にあたっている。また、自衛隊だけで対応できないような事態を想定して、日米安保条約を結び、いざというとき、米軍に支援してもらうことになっている。

この戦争と同じくらい深刻なのが、「内乱」や「革命」だ。

自衛隊法にも明記されているが、直接的な軍事攻撃、つまり戦争は「直接侵略」と呼ばれる。一方、内乱や革命は「間接侵略」と呼ばれる。スパイ工作やテロによって日本国内を混乱させ、内乱や革命を起こそうというものだ。

内乱はこうして起こる

そもそも「内乱」はどうやって起こるのか。

ソ連によるシベリア抑留を経験された名越二荒之助先

生（故人）が『内乱はこうして起る』（原書房、昭和44〈1969〉年）の中で、戦前のフランスを例に「内乱から亡国へ」の経緯を解説している。この解説を現代に合わせて紹介しよう。

①軍事を忌避するマスコミ——戦前のフランスのマスコミは娯楽ばかりを扱い、政治や軍事についてほとんど報道しなかった。

②楽観主義、間違った平和主義の横行——「自国の平和が脅かされようが、外国の侵略を受けようが、とにかく平和が大切だ」という無条件屈服論が横行した。

③外国の宣伝に踊らされる——ドイツのスパイ組織が「ドイツの圧倒的な軍事力に対し軍事で対抗するのは無駄だ」という宣伝を繰り広げ、フランスの世論を「軍拡をしても無駄だ」という

敗北主義へと誘導した。

④国内の対立の激化——フランスの政治家たちは、お互いを激しくののしり、感情的な対立が激化し、対外政策も混乱していた。

⑤政治家の世論への迎合——政治家たちが世論を指導するというよりも、世論に迎合する傾向が強かった。危機を危機として真剣に国民に訴える勇気を持つ政治家が少なかった。しかも軍首脳部も、政治家に隷属し、防衛費の増加の必要性など国防にとって重要な見解を主張しようとしなかった。

⑥議会の機能喪失——議会制民主主義が成立するためには「少数政党は多数政党の決定を尊重する」「多

数政党は、反対党から信頼されるよう公平に行動する」の2点が必要だ。だがフランスでは、最大与党の社会党が、ソ連の指示を受けていたフランス共産党と組み、全体主義的手法を強行したため、議会機能はマヒしていた。ちなみに共産主義者は共産党による一党独裁を主張し、議会制民主主義を認めていない。

⑦政府の混乱と防衛体制の不備——1939年9月3日、ナチス・ドイツとフランスが戦争状態に入っても、フランス政府首脳は右往左往するばかりで、防衛体制の強化を放置し、一気にドイツに攻めこまれ、占領された。（東日本大震災のときの、民主党政権の右往左往ぶりを思い出してほしい）

こうした事態を防ぐためにはどうしたらいいのか。

最も重要なことは、政治家、国民の見識だ。

いくら議会制民主主義といっても、それを保持する国家なくしては成り立たない。いくら平和といっても、独立なき平和では、それは奴隷の平和でしかない。よって防衛には十分な予算をつけ、いざとなれば、国防にあたる覚悟を持つべきなのだ。

言い換えれば、日本の歴史と伝統に基づき、自由と民主主義と平和を尊重する国家の独立を守ろうとする道徳的意志と、それらへの献身が日本を「間接侵略」と「亡国」から守るのだ。

インテリジェンス、3つの危機

こうした「間接侵略」に対応するため、現在の日本に存在している政府機関が、内閣調査室、公安調査庁、警察庁警備局、外務省国際情報統括官組織、防衛省防衛政策局などであり、インテリジェンス組織と総称される。

国際的には、このインテリジェンス組織は、主に3つの分野に対応している。

1　スパイ工作
2　サボタージュ（破壊工作）
3　影響力工作

スパイ工作とは、国家の機密情報を盗む、政府要人を自国のスパイに仕立て上げるなどの工作活動を指す。

サボタージュとは、政府要人の殺害、鉄道・水道・電力・通信網を含めたインフラの破壊、サイバー攻撃など、広い意味でのテロや破壊工作を指す。

影響力工作とは、世論誘導やプロパガンダによって自国に有利な考えを一般国民に浸透させていく工作を指す。

次はこの3つの工作とそれへの対応について見ていきたい。

安易にスパイと決めつけてはいけない

スパイ工作を特に重視したのが、旧ソ連と世界の共産化を目指した世界共産主義ネットワークの「コミンテルン」だ。

このコミンテルンとその支部である各国の共産党は議会制民主主義の破壊と内乱を想定し非合法の破壊工作を目論んだため、各国の政府・インテリジェンス機関から厳しく監視された。

ソ連によるスパイ工作と闘ったアメリカのFBI（連邦捜査局）のエドガー・フーヴァー長官は、ソ連・コミンテルンのスパイ、工作員を以下の5つに分類した。これは、スパイ、工作員というものを見分けることがいかに難しいかという例証だ。

1　正式な党員
2　秘密党員
3　同調者（フェロートラベラーズ、Fellow Travelers）
4　機会主義者（オポチュニスト、Opportunists）
5　騙されやすい人（デュープス、Dupes）

「正式な党員」は共産党に所属していることを公言している共産主義者。表の政治の世界などに介入して、目に見えるところで活動を行う。

「秘密党員」は共産党に所属していることを隠して極秘

活動に従事する共産主義者。いわゆるスパイ工作を行う実働部隊だ。彼らは社会的に影響力のある人物を引き込むことによって、共産主義活動に有利になる社会状況を作り出す。

　では「フェロートラベラーズ」、「オポチュニスト」、「デュープス」とは何か。

フェロートラベラーズ（同調者）

　スパイではないが事実上敵国の工作に同調する人たちを指す。大学教授やマスコミ関係者などが多く、共産党に所属していないが、共産党の主張に同調して主張を行う。

オポチュニスト（機会主義者）

　共産党の主張に同調しているわけではないが、選挙の票やお金など、自分の利益のために共産党に協力する人たちを指す。彼らはあくまで自分の利益のために共産党に協力するため、利益に

よってはどちらにでも転ぶので、逆にスパイ側からしても信用ならない人たちである。

デュープス（騙されやすい人）

「日本のため」「平和のため」「弱者のため」を思って、結果的に敵国を利する行動をとってしまう人たちを指す。例えば「日本の財政再建のため」に「デフレであるにもかかわらず、増税をしなければ」と考えたり、「日本を戦争にさせないため」に日本の防衛体制の強化に反対する人たちのことだ。注意してほしいことは、当の本人たちはそれらの行動が敵国に利することだとは思っていないということだ。

以上のように、「○○はスパイだ」と批判するとしても、彼らが確信犯なのか、それともフェロートラベラーズなのか、はたまたオポチュニストなのか、ただのデュ―プスなのかを見極めなくてはならないが、その見極めは、素人には難しい。

よって不確かな情報にもとづいて一般国民が「○○はスパイだ！」と誰かを名指しで批判することはむしろ危険であるといったほうがよい。

スパイ映画でも、スパイと思われていた人間が味方で、味方だと思われていた人間がスパイであったという展開があるように、実際の世界でも味方を善意によって摘発してしまうという事態は十分起こり得る。

また、デュープス（騙されやすい人）に対して「お前はスパイだ！」と言っても意味がない。彼らは自覚なく工作活動に加担しており、中には「日本のために」と本気で思っている人もいるからだ。

そもそも、スパイは意図的に目立つ存在を作る。そうすることで本当の工作活動を隠ぺいしようとするのだ。素人にスパイだと分かるような人間は、スパイではないことが多い。われわれに認知されて批判されている人物は“囮（おとり）”であって、それにみんなが注目しているとき、裏で別の目的を持って誰かが動いていると思ったほうがよい。

我々が特定の誰かをスパイ扱いすることは、結果的に疑心暗鬼（ぎしんあんき）を生む。それは、本物のスパイにとっては好都合な状況だ。

スパイは、政府不信を煽る。政府・警察に対する一般国民の不信感を煽って、秩序ある社会を混乱に陥れ、社会活動に従事する国民の分別ある行動をできなくしてしまう状況を作り出す。混乱を引き起こすことによって自国に有利な工作を行いやすくするのだ。

そういうスパイの策略に乗せられないためにも、われわれは「むやみに人をスパイ扱いしない」ということが大切だ。ただし、外国からスパイが送り込まれ、そのスパイに自覚的か無自覚かはともかく協力する人たちが国内にいるということは、しっかりと認識しておく必要がある。

破壊工作をいかに防ぐか

間接侵略の２番目、サボタージュについても解説しておこう。

サボタージュとは、政府要人の殺害、鉄道・水道・電力・通信網を含めたインフラの破壊、サイバー攻撃など、いわゆる広い意味でのテロや破壊工作を指す。

数年前から、首都圏の駅で人糞がばら撒かれたり、神社やお寺で油が撒かれるという事件が起きている。報道では嫌がらせだと言っていて、一般的にもそのように思われている。

しかしこれらの事件は、破壊工作の準備活動と考えるべきなのだ。

イラクで破壊工作の対応をしていた元米国軍人から聞いたのだが、神社仏閣で油を撒く。そのことがどれくらいの時間で把握されるのか、警察がそこに何人動員されるのか、どういう対応・分析が行われるのか、単なる嫌がらせと判断するのかテロの準備と考えるのか。これら一連の情報を工作員は手に入れることができる。このことをモニタリングと呼ぶ。つまりこれらの事件を意図的に引き起こすことによって治安当局がどのように対応するのかをチェックするというのだ。

例えば、東京であれば警視庁にテロ担当の者が100人いるとする。そのうちある地区の遊軍の役割をする者が20人いるとする。神社に油が撒かれたことに対して5人が動員される。ということは、これらの事件を同時に4カ所起こせば遊軍は0になり、他の地域の警備を手薄にさせることができる。そうすることによって大規模テロを仕掛けやすくする状況を作る。

よって破壊工作の準備に対しては、住民の目と協力が一番大きな抑止力になる。地域の人々が治安当局と協力しながら、地域の動きに関心を持つ、不審な人間に対して対処するために、自分たちの地域は自分たちで守るという発想が重要だ。

テロや破壊工作に、警察や消防は限られた人数で対応せざるを得ない。工作員は、彼らを疲弊(ひへい)させる動きをすることによって破壊工作をやりやすくする。そのためにも、破壊工作の準備段階で警察や消防をしっかり動けるような状況にしておくことも大切である。

よって警察の聞き込みなどにできるだけ協力する、不必要なクレームなどで警察を疲弊させないなど、治安当局と地域住民の信頼関係を作ることが重要だ。

町内会や消防団などの自治組織ネットワークに積極的に参加することも大事だ。

テロによる死傷者よりもパニックによる死傷者のほうが多い

それでも、破壊工作をすべて防ぐことは難しい。一般国民はテロが起こったときにどのように行動するかを知っておかなければならない。

まず大事なのは、できるだけ冷静でいることだ。テロによる死傷者よりも、テロが起こったことに対してパニックになり、そのために命を落とすことがある。とりわけ駅や地下街などでテロがあった場合、逃げるために出口に殺到して圧死するケースが多い。

難しいことだが、パニックにならないことが身を守るために大事なことである。

ミサイル攻撃を受けた際も、最も怖いのは爆風だ。爆風で飛び散る瓦礫（がれき）が直撃したら即死だ。よってＪアラートという警戒警報を聞いたら直ちに「その場に伏せる」「建物の物陰に隠れる」ことが重要だ。

テレビなどでコメンテーターが「伏せるだけで身を守れるのか？」と疑問を投げかけるが、実際に現場に遭遇したとき、身を伏せることが何よりも重要なのだ。

流言飛語（りゅうげんひご）、デマにも気をつけておきたい。地震を含む大規模災害が起こると、「動物園から危険な動物が逃げ出した」とか、「外国人が強盗を始めた」といった社会不安を煽る動きが出てくる。

愉快犯が多いのだろうが、意図的に民族対立などを煽って暴動を引き起こし、内乱へと転化させようとする確信犯も存在する。

よって情報元を注意し、信頼できる情報かどうか、確認する習慣も身につけておきたいものだ。その意味で、SNSなどで、根拠不明の情報に飛びついて、あれこれと誰かを非難するようなことは慎(つつし)むようにしたほうがいい。

外国の宣伝に振り回される危険性

間接侵略の第3番目は「影響力工作」だ。

攪乱(かくらん)情報やプロパガンダを流したり、政治家や言論人など社会に対して影響力を持つ人に特定の思想を吹き込むことによって、社会全体が混乱する方向に持っていく工作活動を「影響力工作」と呼ぶ。

いわば、政府や政党、マスコミに協力者を送り込み、内部からその団体を支配する乗っ取り工作のことで、専門用語では「内部穿孔(せんこう)工作」と呼ぶ。

現在のロシア、旧ソ連がこうした「影響力工作」を重視していた。

例えば、1975年から1979年まで東京のKGB駐在部に勤務していたスタニスラフ・レフチェンコは、ソ連の利益となるような行動をとらせることを目的とした影響力工作を日本のマスコミや政治家に対して仕掛けていたと書いている（『レフチェンコ回想録　KGBの見た日本』日本リーダーズダイジェスト社、昭和59〈1984〉）。

戦後の昭和30（1955）年から1990年代まで、日本の政治は55年体制と呼ばれる。与党の自民党に対して野党の日本社会党が対立する2大政党体制のことである。この2大政党の1つ、野党の日本社会党がソ連KGBの「コントロールの下」にあったというのだ。

前述のレフチェンコは1982年7月14日、アメリカ連邦議会下院情報特別委員会聴聞会において「KGBは1970年代において、日本社会党の政治方針を効果的にコントロールできていました。同党の幹部のうち10人以上を影響力行使者としてリクルートしていたのです」と証言しているのだ。

しかも、この社会党を支持していた日教組や朝日新聞などの左派メディアが、ソ連、共産主義に好意的であったことは有名だ。

こうした対日工作の目的について、レフチェンコは以下のように10項目に整理している。

第一、日米の政治及び軍事における協力関係のこれ以上の深まりを阻止すること。

第二、日米の政治、経済、軍事の各領域において不信感を増大させること。

第三、日本と中華人民共和国のこれ以上の発展を阻止すること。とくに政治及び経済において。

第四、ワシントン・北京・東京の「反ソ・トライアングル」の形成の可能性を何としても取り除くこと。

第五、日本の有力な政治家の中に新たな親ソ・ロビーを作ること。まずは、自由民主党と日本社会党の中に作り、ソ連との経済的・政治的な結びつきを強める活動に一貫して当たらせる。

第六、高位の影響力行使者たちや、有力な財界指導者たち、あるいはマス・メディアを通じて、日本政府に対してソ連との経済関係の抜本的な拡大の必要性を説得すること。

第七、日本に政治サークルを組織して、日ソ間に友好善隣条約締結の運動をおこすこと。

第八、主要な野党に浸透すること。まずは、日本社会党である。彼らの政治方針に影響力を行使して、自由民主党が日本の議会を政治的に独占することを阻止する。

第九、同時に野党の指導者たちが連立政権を組もうとするのを阻止すること。ソ連は日本が政治的に安定することを必要としている。

第十、コリャーク作戦をおこなうためのきわめて高度な活動を維持する。この作戦は、千島列島に軍を派遣したり、北方領土に新たな集合住宅を建設するなどによって、ソ連の意図に対する日本の認識に影響を及ぼし、この領土におけるソ連の支配に対して異議を唱えることが無駄なことだと日本政府に示す。（佐々木太郎『革命のインテリジェンス』勁草書房、平成28〈2016〉年）

当時の日本社会党は、ソ連の軍事的脅威が高まっていたにもかかわらず、「護憲」「反戦平和」「反米」を叫び、我が国の安全保障の強化に反対することが平和を守ることだと主張して憚（はばか）らなかった。

ソ連の代理人と呼ばれても当然の政治行動をしていたといえるが、その背景にソ連による影響力工作があった可能性が高いのだ。

現在も進行中の影響力工作

こうした影響力工作の手法を、中国共産党政府や北朝鮮、韓国の左派勢力なども活用し、対日工作を仕掛けてきていると思われる。

そして、その成果かどうかは不明だが、現在もマスコミや野党の多くが、憲法改正や日本の防衛力強化に反対するだけでなく、対米不信と政治家不信を煽る方向へ世論を誘導しようとしている。

対米不信を煽るということでは、在日米軍の不祥事をことさらに強調するほか、集団的自衛権の行使を一部可能とする平和安保法制に対して「戦争法案」というレッテルを貼って「日米同盟を強化すると、戦争に巻き込まれる」かのような不安を煽った。

日本政府、政治家と国民とを分断する工作も進行中だ。平成29（2017）年春から続いた「モリ・カケ（森友・加計)」問題だが、国会では自民、公明、維新、希望の党の政治家たちが経済や重要法案について熱心に審議を行っていた。

だが、そうした事実はほとんど報じられず、あたかも「モリ・カケ」ばかりを審議しているかのような誤報を行った。かくして国民の多くがあきれ果て、与党も野党も政党支持率が大きく下落した。

ここで問題なのは、政府や政治家への不信感が高まると、国家の危機のとき、国民は政府の指示に従わなくなり、危機を増幅(ぞうふく)することになるということだ。

敗北主義を煽るという手法も多用されている。「中国は軍事的に日本の何倍も強いので日本は勝つことができない」など、中国に対抗するのは不可能であるから、属国も仕方がないという形で世論誘導をしている。

ロシアに対して経済援助を先行させ、北方領土不法占拠を黙認する動きを助長する対日宣伝工作は、半世紀も前から「コリャーク作戦」という名で実行されてきており、いまや与野党ともに北方領土返還には積極的ではない。

こうして見ると、マスコミの偏向ぶりや、一部の政治家たちの不審な言動は、特定の国の影響力工作の結果ではないのかという疑念を持たざるを得ない。

自由と民主主義を守るために

厄介(やっかい)なことは、こうした影響力工作は、取り締まることが難しい。こうした工作は政府首脳にも及ぶことがあるが、その場合、政府機関が政府首脳を取り締まることは難しいからだ。たとえば特定の国の代理人と化した政治家が法務大臣になってしまうと、法務大臣直属の公安調査庁は対応できなくなってしまう。権力者への影響力工作を、官僚たる政府機関が取り締まることは極めて難しいのだ。

そして何よりも、こうした影響力工作は、犯罪ではない。「憲法がある以上、自衛隊は違憲だ」とか、「中国は強いから日本は軍事的に勝てない」などと主張することは犯罪ではないため、警察も公安も取り締まることができないのだ。

それでは、どうしようもないのかといえば、唯一、そして最大の対抗手段がある。特定の国の影響力工作を受けて国民の利益を損なっている政治家を、選挙で落選させることだ。国民が選挙で、その政治家を支持しなければいいのだ。

そもそも、民主主義とは、国民が選挙を使って政府を統制・監視する制度だ。

なぜ国民の側が、政府を統制・監視しなければならないのか。

民意を踏まえた政治を実現するという積極的な意味合いとともに、敵国による影響力工作が行われていることを前提に、政治家たちが敵国に取り込まれて自国に不利な政策を行わないように、国民が政治をチェックする必要があるためだ。

ちなみに影響力工作を受けた特定の言論や個人に対して

「反日的だ」「売国奴だ」とレッテル貼りをすることは、感情的対立を激化することになりかねず、好ましくない。自分と反対の言論の自由も尊重する立場から、事実と理論をもって反論していくことが望ましい。

　これまでも現在も、我が国は、外国による影響力工作を仕掛けられている。政治に無関心であることは、外国による間接侵略を容認することなのだ。そうした認識のもとで、マスコミや政府の主張を妄信せず、自分の頭で考えることが重要だ。

　そして、自分の頭で考えるためには、政治、外交、歴史、経済、インテリジェンスなどについて積極的に学ぶよう努めたいものだ。民主主義を守り、使いこなすためには、国民の側に相応の見識と努力が必要とされる。

　われわれが享受（きょうじゅ）している平和と安全、自由はタダではない。国民の側の相応の努力があってこそ維持されるのだ。

引用・参考文献

第1章

公益財団法人公共政策調査会編　『現代危機管理論』　立花書房
一般社団法人日本安全保障・危機管理学会編　『究極の危機管理』　内外出版
松村劭　『スイスと日本　国を守るということ』　祥伝社
井上忠雄　『「テロ」は日本でも確実に起きる　核・生物・化学兵器から身を守る法』　講談社＋α新書
柘植久慶、福田充、サニー・カミヤ監修　『いざというときの自己防衛マニュアル』　コスミック出版
太田文雄　『日本人は戦略・情報に疎いのか』　芙蓉書房出版
宮田敦司　『日本の情報機関は世界から舐められている』　潮書房光人新社
倉前盛道　『悪の論理―ゲオポリティク（地政学）とは何か』　日本工業新聞社
奥山真司　『“悪の論理”で世界は動く！』　李白社
田代秀敏　『中国「国防動員法」その脅威と戦略』　明成社
西原正　『戦略研究の視角』　人間の科学社
兵頭二十八、野口邦和、辺真一、島田康宏監修　『北朝鮮の核攻撃がよくわかる本』　宝島社
清水馨八郎　『大東亜戦争の正体』　祥伝社
小堀桂一郎　『さらば敗戦国史観』　PHP研究所
濱口和久　『祖国を誇りに思う心』　ハーベスト出版
福山隆　『地下鉄サリン事件戦記』　光人社
治安問題研究会著　『新・日本共産党101問』　立花書房
『戦後主要左翼事件』　警察庁警備局
佐野博　『日本共産党は国民大衆に何を与えたか　売国共産党の実証的研究』　日本政治経済研究所

「北ミサイルから家族を守る　生存率を上げる33の行動」『ザ・リバティ　平成29（2017）年7月号』
大塚大輔「全国瞬時警報システム（Jアラート）による情報伝達のあらまし」『近代消防　平成29（2017）年12月』
「中国の『ハニー・トラップ』はISより脅威　美しすぎるスパイの危険度」SankeiBiz　平成28（2016）年1月11日
「『ハイブリッド攻撃』に備え」世界日報　平成30（2018）年6月23日
「サイバー・燃料安保も強化＝ロシアの隣国リトアニア」世界日報　平成30（2018）年6月25日
「もろさ露呈　東京大停電で高まった『送電線テロ』のリスク」日刊ゲンダイ　平成28（2016）年10月13日
緊急災害医療支援学　http://www.group-midori.co.jp/logistic/transport/
内閣官房国民保護ポータルサイト　http://www.kokuminhogo.go.jp/kokuminaction/
「スパイ防止法」がないのは世界の中で日本だけ　http://www.spyboshi.jp/spying/
賢者の説得力（スパイの実態）　http://kenjya.org/spy.html
高永喆「スリーパーセルの知られざる脅威」http://agora-web.jp/archives/2031488.html
警備警察50年　https://www.npa.go.jp/archive/keibi/syouten/syouten269/index.htm
外務省　https://www.anzen.mofa.go.jp/masters/gaiyo.html
白石和幸「『ハイブリッド戦争』の巧者、ロシアの脅威増大で北欧三国で高まる警戒感」
https://www.excite.co.jp/News/world_g/20180507/Harbor_business_165165.html?_p=4

新兵器「デマ爆弾」で国家機能を殲滅せよ！—ロシア「ハイブリッド戦争」の全貌
https://courrier.jp/news/archives/76934/

第2章

全国防衛協会連合会編　『あなたと街を守るために　国民保護のマニュアル』　原書房
佐藤貴彦　『本当は恐ろしい「平和」と「人権」というファシズム』　夏目書房
大田文雄　『「情報」と国家戦略』　芙蓉書房出版
田村重信　『防衛政策の真実』　育鵬社
田村重信　『安倍政権と安保法制』　内外出版
吉田和男　『憲法改正論』　PHP 研究所
佐瀬昌盛　『集団的自衛権』　PHP 新書
西修　『日本国憲法を考える』　文春新書
色摩力夫　『日本の死活問題』　グッドブックス
森本敏、浜谷英博共著　『有事法制』　PHP 新書
『防衛白書　平成 29 年版』　防衛省
資料「防衛省・防衛装備庁国民保護計画」
乾一宇　『力の信奉者ロシア　その思想と戦略』　JCA 出版
平松茂雄　『中国はいかに国境を書き換えてきたか』　草思社
『民間防衛　スイス政府編』　原書房
百地章　「永住外国人の参政権問題」　日本大学法学部　百地研究室
佐藤守男　『情報戦争の教訓』　芙蓉書房出版
濱口和久　『機は熟した！　甦れ、日本再生。』　オプサイブ
濱口和久　『だれが日本の領土を守るのか？』　たちばな出版
濱口和久　『日本の命運　歴史に学ぶ 40 の危機管理』　育鵬社
福好昌治　「米朝危機“邦人救出事情”」『丸　平成 30（2018）年 2

月号』
大小田八尋 「ミグ25事件『ソ連軍ゲリラ撃墜せよ』」『文藝春秋 平成13年1月号』
佐々木類 「ミグ25事件で現場目線を学べ」産経新聞 平成26（2014）年6月18日
内閣官房国民保護ポータルサイト http://www.kokuminhogo.go.jp/kokuminaction/

第3章
寺田寅彦 『天災と国防』 講談社学術文庫
平田直 『首都直下地震』 岩波新書
山岡耕春 『南海トラフ地震』 岩波新書
佐々淳行編著 『自然災害の危機管理』 ぎょうせい
広瀬敏通 『災害を生き抜く』 みくに出版
土屋信行 『首都水没』 文春新書
河田惠昭 『津波災害増補版』 岩波新書
『東京防災』 東京都
島川英介NHKスペシャル取材班 『大避難 何が生死を分けるのか』 NHK出版新書
木下正高、熊谷英憲監修 『徹底図解 いま、そこにある巨大地震』 双葉社
『地震研究の最前線』 ニュートン別冊 平成28（2016）年11月5日
『わたしたちの防災』 一般財団法人防災教育推進協会
内閣府、気象庁サイト

※4章、5章は本文中に記載

おわりに

核実験・弾道ミサイル発射を繰り返す北朝鮮に対して、アメリカは攻撃も辞さずという脅しをかける中、トランプ大統領と金正恩（キムジョンウン）朝鮮労働党委員長との米朝首脳会談が平成30（2018）年6月12日にシンガポールで開催された。だが、現在、会談で合意された「北朝鮮の完全な非核化」については、何一つとして進展していない。本文でも書いたが、一度、核を手にした国家は、絶対に核放棄しないというのが、世界の常識であり、国際原子力機関（IAEA）による査察が行われても、北朝鮮が核をどこかに隠せば、完全な非核化は実現しない。北朝鮮の非核化作業のロードマップはまったく未知数であり、日本政府は北朝鮮の弾道ミサイルへの警戒を続けるべきである。

自衛隊は陸上型イージス「イージス・アショア」の導入を検討している。配備候補地の議会や住民からは、反対の声もあがっているが、北朝鮮からの脅威が払しょくされない限り、日本の危機管理体制構築（防御力の強化）は待ったなしである。中国やロシアは北朝鮮以上に核・弾頭ミサイルを保有していることを忘れてはならない。

日本では2019年にラグビーのワールドカップ、2020年にはオリンピック・パラリンピックが開催される。近年、スポーツの国際大会では、テロに備えて軍隊が警備にあたるケースが増えている。日本では民間の警備会社と警察だけで対処する計画が作られているが、政府は自衛隊を巻き込んだ警備体制を構築するべきだ。テロ集団に対する抑止効果としても、自衛隊による警備は必要である。
本書を執筆の最中、大阪北部地震や西日本を中心とした豪雨（平成30年7月豪雨）により、大きな被害が出た。昔から日本人は災害と向き合いながら生きてきた。災害大国の日本で生きていく限り、災害から日本人は逃げることができない。
日本には、災害を担当する専門官庁が存在しない。その代わりに内閣府、文部科学省、国土交通省、消防庁、気象庁がバラバラに防災・危機管理行政を行っているため、非常に効率が悪い。多くの防災・危機管理専門家や全国知事会が要望・提案している「防災省」を創設し、防災・危機管理行政の一元化を図るべきだ。海上自衛隊の艦船を病院船として使用するのではなく、本格的な病院船を建造するべきである。
また、日本には諸外国のインテリジェンス機関と対等に交流できる国家機関（情報機関）がなく、人的ネットワークも希薄なため、正確な情報が入ってこないケースがある。特にテロ情報の収集をするうえで、カウンターパートとなるインテリジェンス機関がないことは、日本のアキレス腱（けん）となる。防災省に加えて、日本も世界と対等に渡り合えるインテリジェンス機関の創設も必要である。
本書は第1章～第3章を濱口和久、第4章を坂東忠信氏、第5章を江崎道朗氏が執筆を担当した。本書に収めることのできなかった事例もあるが、最低限の危機対処の課題をカバーできる内容としてまとめたつもりだ。

最後に、本書の企画をしてくださった青林堂代表取締役社長の蟹江幹彦氏に感謝を申し上げたい。

平成30年7月25日
濱口和久

日本版 民間防衛

平成30年 8 月10日 初 版 発 行
令和 7 年 2 月11日 第 7 刷 発 行

著者　濱口和久　江崎道朗　坂東忠信
発行人　蟹江幹彦
発行所　株式会社　青林堂
〒150-0002　東京都渋谷区渋谷 3-7-6
電話　03-5468-7769
装幀　奥村靫正（TSTJ Inc.）
イラスト　富田安紀子
印刷所　中央精版印刷株式会社

Printed in Japan

ISBN 978-4-7926-0631-2

濱口和久（はまぐち かずひさ）

1968年、熊本県生まれ。防衛大学校材料物性工学科卒（37期）。防衛庁陸上自衛隊、元首相秘書、栃木市首席政策監（防災・危機管理担当兼務）などを務め、現在、拓殖大学大学院地方政治行政研究科特任教授・同大学防災教育研究センター副センター長、一般財団法人防災教育推進協会常務理事・事務局長、防災危機管理フォーラム代表。著書に『だれが日本の領土を守るのか？』（たちばな出版）、『日本の命運　歴史に学ぶ40の危機管理』（育鵬社）、『戦国の城と59人の姫たち』（並木書房）ほか多数。

江崎道朗（えざき みちお）

1962年、東京都生まれ。
九州大学卒業後、月刊誌編集長、団体職員、国会議員政策スタッフを務め、安全保障、インテリジェンス、近現代史研究に従事。現在、評論家。コミンテルン・ハンターとも呼ばれる。2014年5月号から『正論』に「SEIRON時評」を連載中。著書に『コミンテルンとルーズヴェルトの時限爆弾―迫り来る反日包囲網の正体を暴く』（展転社）、『マスコミが報じないトランプ台頭の秘密』（小社刊）、『日本は誰と戦ったのか　コミンテルンの秘密工作を追及するアメリカ』（KKベストセラーズ）ほか多数。

坂東忠信（ばんどう ただのぶ）

元警視庁刑事、通訳捜査官。宮城県生まれ。昭和61年警視庁巡査を拝命後、交番勤務員、機動隊員、刑事、北京語通訳捜査官として新宿、池袋などの警察署、警視庁本部で勤務。中国人犯罪の捜査活動に多く従事。平成15年、勤続18年で警視庁を退職。退職後は作家として執筆、保守論壇に加わっての講演活動を展開。著書に『怖ろしすぎる中国に優しすぎる日本』（徳間書店）、『在日特権と犯罪』（小社刊）、『寄生難民』（小社刊）など。また、絵本作家ときたひろしのペンネームで『お父さんへの千羽鶴』（展転社）なども執筆。

青林堂刊行書籍案内

インテリジェンスと保守自由主義
江崎道朗
定価1500円（税抜）

ガンになりたくなければコンビニ食をやめろ！
吉野敏明
定価1500円（税抜）

国民の眠りを覚ます「参政党」
神谷宗幣
吉野敏明
定価1500円（税抜）

スパイ
坂東忠信
定価1600円（税抜）